普通高等教育"十三五"规划教材

# 海绵城市概论

熊家晴 主编　　任勇翔 主审

化学工业出版社

·北京·

"海绵城市概论"是根据当前我国城市建设发展需要设置的一门服务于城市规划、给水排水科学与工程、风景园林等专业的专业选修课程。本书是课程配套教材，全面、系统地介绍了海绵城市理论基础、海绵城市建设基本方法、海绵城市控制指标体系的构建、海绵城市规划设计、海绵城市建设实施以及海绵城市建设评估等。通过学习本教材，帮助学生掌握海绵城市规划设计原理、方法，了解海绵城市建设目标体系与工作程序，培养学生从事海绵城市规划和工程设计的基本能力，提高城市规划设计水平。

本书可作为高等学校给排水、建筑、城市规划、园林等专业的教材，也可作为海绵城市建设普及读物或相关专业技术人员的参考书。

**图书在版编目（CIP）数据**

海锦城市概论/熊家晴主编. —北京：化学工业出版社，2019.8（2023.1重印）
普通高等教育"十三五"规划教材
ISBN 978-7-122-33688-0

Ⅰ.①海…　Ⅱ.①熊…　Ⅲ.①城市空间-高等学校-教材　Ⅳ.①TU984

中国版本图书馆 CIP 数据核字（2019）第 098701 号

---

责任编辑：满悦芝　　　　　　　　　　　文字编辑：孙凤英
责任校对：边　涛　　　　　　　　　　　装帧设计：张　辉

---

出版发行：化学工业出版社（北京市东城区青年湖南街13号　邮政编码100011）
印　　装：高教社（天津）印务有限公司
787mm×1092mm　1/16　印张10¾　字数259千字　2023年1月北京第1版第4次印刷

---

购书咨询：010-64518888　　售后服务：010-64518899
网　　址：http://www.cip.com.cn
凡购买本书，如有缺损质量问题，本社销售中心负责调换。

---

定　　价：39.00元

# 前言
FOREWORD

随着城镇化的发展，城市缺水、内涝、水污染等水问题频发。究其原因，一方面，原有河流、湖泊、湿地等水生态系统遭到破坏，城市对水资源的自然调蓄能力减弱；另一方面，在长期粗放式的发展模式下，城市多实行"快排式"的排水防涝手段，不重视水的循环利用，加之相应的硬件设施和标准建设不到位，雨水排不掉、雨水快速全排的现象普遍存在，导致城市缺水、内涝问题交替出现，城市居民工作和生活受到极大的影响。

海绵城市作为新型城镇可持续开发的重要模式及从源头上解决水问题的重要途径，受到了全社会的高度关注。2013年底，习近平总书记做出重要指示：在提升城市排水系统时要优先考虑把有限的雨水留下来，优先考虑更多利用自然力量排水，建设自然积存、自然渗透、自然净化的海绵城市。2014年10月，住房和城乡建设部发布《海绵城市建设技术指南——低影响开发雨水系统构建（试行）》；2014年12月，财政部发布《关于开展中央财政支持海绵城市建设试点工作的通知》，明确提出中央财政对海绵城市建设试点给予专项资金补助。2015年4月，财政部、住房和城乡建设部、水利部联合公布了16个海绵城市建设试点城市名单；2015年5月，住房和城乡建设部在南宁举办了全国海绵城市建设培训班。海绵城市建设作为新型城镇建设、破解水问题的重要手段，正在从上到下快速推进。

为了更好地普及海绵城市的基本知识，帮助初学者更快了解海绵城市建设的相关理论、方法，编者结合参与的多项海绵城市规划设计经验和从事的相关基础研究工作，编写了这本基础教程，力求全面、系统地为广大初学者介绍海绵城市建设基本概念、基础理论、基本方法、控制指标体系、规划设计方法、工程建设以及评估等相关内容，力求通过学习本教材，使初学者系统性地理解海绵城市建设的基础知识，提高对城市规划建设的认识水平。

本书内容共7章，参加编写人员有：西安建筑科技大学熊家晴、刘言正（第1章，第2、4章部分内容），西安建筑科技大学张卉（第2、3章部分内容），西安建筑科技大学王伟、任瑛（第3、4章部分内容，第6章），西安建筑科技大学陈大鹏（第5章），中联西北工程设计研究院有限公司白雪琛（第7章）。

本书由熊家晴主编，西安建筑科技大学任勇翔主审。

由于编者水平有限，书中难免有不足之处，请广大读者批评指正。

编　者

2019 年 7 月

# 目录

## 第 7 章 海绵城市建设评估 / 151

## 附录 年径流总量控制率与设计降雨量之间的关系 / 159

## 参考文献 / 161

# 第1章

# 概述

## 1.1 海绵城市的概念

《海绵城市建设技术指南——低影响开发雨水系统构建（试行）》对海绵城市进行了如下定义：城市能够像海绵一样，在适应环境变化和应对自然灾害等方面具有良好的弹性，下雨时吸水、蓄水、渗水、净水，需要时将蓄存的水释放并加以利用。海绵城市的建设改变了传统的"尽快排出、避免灾害"的城市防洪排涝思想，把雨洪资源作为重要的水资源进行管理，尽量减少对生态环境的影响。

海绵本身主要具有两个方面的特性，即水分特性和力学特性。海绵的水分特性表现为吸水、持水、释水；力学特性表现为压缩、回弹、恢复。

"海绵城市"包括三个方面的含义：

① 从资源利用的角度，城市建设能够顺应自然，通过构建建筑屋面—绿地—硬化地面—雨水管渠—城市河道五位一体的水源涵养型城市下垫面，使城市内的降雨更能被有效积存、净化、回用或入渗补给地下。

② 从防洪减灾的角度，要求城市能够与雨洪和谐共存，通过预防、预警、应急等措施最大限度地降低洪涝风险、减小灾害损失，能够安全度过洪涝期并快速恢复生产和生活。

③ 从生态环境的角度，要求城市建设和发展能够与自然相协调。也就是说"海绵城市"应当能够很好地应对重现期从小到大的各种降雨，使其不发生洪涝灾害，同时又能合理地资源化利用雨洪水和维持良好的水文生态环境。

近些年国外研究较热的一个概念"Resilience"与"海绵城市"有些相似。"Resilience"源自拉丁文 Resilio，原意为"跳回"，可理解为"弹性、耐受性、恢复力"。1973 年，加拿大生态学家 Holling 首次把"Resilience"的概念引入生态学领域，应用于水管理中的 Resilience 理念即来源于生态学。在生态学中，Resistance 和 Resilience 理念用于描述系统对干扰的响应，Resistance 指抵抗能力，即维持系统所有特性不发生改变的能力，Resilience 指维持系统本质特性不发生不可逆变化的能力。在洪水风险管理中，Resistance 为系统在无反应情况下抵抗洪涝干扰的能力，即设防标准，Resilience 为系统应对洪涝及从洪涝中恢复的能力。Resilience 策略适用于处理不确定性，这与洪水发生规律相适应。Resilience 策略的实施将会改变特定区域的危险程度或脆弱程度，它包括工程性的和非工程性的措施。

"海绵城市"的核心是应对城市雨水问题，包括城市缺水与雨水流失、暴雨洪涝灾害和雨水径流污染等问题。国外应对城市雨水问题的相关概念和理念主要包括：美国的低影响开发（low impact development，LID）、最佳管理措施（best management practice，BMP）、绿色基础设施（green infrastructure）及绿色雨水基础设施（green stormwater infrastructure，GSI），澳大利亚的水敏感城市设计（water sensitive urban design，WSUD），新西兰的低影响城市设计与开发（low impact urban design and development，LI-UDD），英国的可持续排水系统（sustainable urban drainage system，SUDS），德国的雨水利用（stormwater harvesting）和雨洪管理（stormwater management），日本的雨水储存渗透等。尽管这些概念的名称不同，但所采取的具体工程措施大同小异，基本都包括：进行径流源头控制的透水铺装地面、雨水渗透池、雨水花园、绿色屋顶、植被浅沟等工程设施，过程控制的雨水滞蓄池、调洪池、雨水湿地等以及雨水收集回用终端控制设施等。

国内应对城市雨水问题的相关概念有"雨水利用""雨水控制与利用""雨洪利用""低影响开发""内涝防治"等。这些概念虽然名称不同，但内涵基本相近，都是对城市降雨径流采取一定措施进行水量、峰值削减，采取的措施基本为"渗、蓄、用、滞、调、排"，这些措施都包含了雨水的资源化利用、洪涝减灾防治、面源污染控制、生态环境改善等方面的内涵，只是各个概念的侧重点依据个人的认识有所不同。这些概念都是与城市雨水利用和排除密切相关的，其中的一些主要措施是在传统城市雨水排水系统基础上的改进，如下凹式绿地、屋顶绿化、透水铺装地面等。就工程措施而言，国内的"城市雨水利用""雨水控制与利用""雨洪利用"概念与国外的"低影响开发（LID）""最佳管理实践（BMPs）""绿色雨水基础设施"等概念基本相同。之所以存在这些内涵相互交叉、重叠的概念，主要原因是对其所应对的降雨重现期和根本目的有些混淆。"低影响开发"强调源头的径流削减，控制日常的较小降雨量，通常重现期在 2 年以下。"雨水直接收集利用"通常针对重现期在 0.5～3 年的场次降雨。这两者的设计标准目前尚缺乏技术标准进行明确的规定。此外，对于目前问题比较突出而又备受关注的城市内涝防治，尚缺乏统一的认识和技术标准。

# 1.2 海绵城市理念

自 20 世纪 70 年代以来，我国城市数量从 1978 年的 193 个增加到 2014 年的 658 个，城镇化率达到 54.77%。与此同时，城市也面临资源约束趋紧、环境污染加重、生态系统退化等一系列问题，其中又以城市水问题表现最为突出。特别是近些年来，随着我国城镇化的快速发展，我国一些地区水环境质量差、水生态受损严重、环境隐患多等问题突出。

2013 年 12 月 12 日，针对许多城市内涝频发、径流污染、雨水资源大量流失、生态环境破坏等诸多雨水问题，习近平总书记在中央城镇化工作会议上提出：建设自然积存、自然渗透、自然净化的"海绵城市"。2014 年 10 月，住房和城乡建设部发布了《海绵城市建设技术指南——低影响开发雨水系统构建（试行）》。为切实加大水污染防治力度，保障国家水安全，加快解决我国的水污染问题，建设"蓝天常在、青山常在、绿水常在"的美丽中国，国务院于 2015 年 4 月 16 日正式颁布《水污染防治行动计划》（简称"水十条"）。这些政策的出台，对于解决我国部分城市水资源短缺、内涝频繁发生、水生态恶化、水污染严重等突出的水问题，改善城市人居环境，促进城镇化健康发展，具有十分重要的意义和作用。

## 1.2.1　气候变化给城市带来的挑战

全球气候变化是当今世界以及今后长时期内人类共同面临的巨大挑战。气候变化导致高温热浪、暴雨等灾害增多，北方和西南干旱化趋势加强；登陆台风强度增大，加剧了沿海地区咸潮入侵风险。城市人口密度大、经济集中度高，受气候变化的影响尤为严重，气候变化已经并将持续影响城市生命线系统运行、人居环境质量和居民生命财产安全。城市适应气候变化是事关人民群众切身利益，事关城市持续健康发展，事关全面建成小康社会的大问题。积极应对气候变化，是实现可持续发展、推进生态文明建设的内在要求。

一项全球性城市调查显示，在世界范围内，越来越多的城市开始在基础城市规划中考虑应对气候变化问题。2013 年年底，国家发展和改革委员会（以下简称发改委）、住房和城乡建设部、中国气象局等 9 单位联合印发了《国家适应气候变化战略》，将城市作为适应气候变化的首个重点领域，凸显了城市应对气候变化的特殊意义。

气候变化对城市规划、发展的影响主要体现在城市水安全和环境安全两个方面。就城市水安全来说，气候变化影响了降水的分布、强度和频率，并改变了水资源的空间格局，由此带来供水安全问题，并加剧了城市内涝风险。在气候变化的影响下，极端天气气候事件逐渐增多，如降雨天数减少、单次降雨量增多，这就加剧了城市积水内涝风险。就环境安全来说，最显而易见的变化就是近年来雾霾的增多，这也与气象条件关系密切。在经历过多次"城市看海""雾、霾围城"后，公众越来越关注天气、气候与城市规划之间的关系。过去，我国在城市规划、设计和建设过程中，对气候变化的考虑存在不足，大多停留在对以往气象参数的统计分析上，缺乏对未来气候变化的预见性。

## 1.2.2　城市发展与水环境问题

城市化的发展对水环境所产生的直接或间接影响主要表现为三个城市水文问题，即城市水资源短缺问题、洪涝灾害控制问题和水环境污染控制问题，如图 1-1 所示。

（1）城市水资源短缺问题　随着人口增加，对水的需求量也就随之增大，产生了寻求充足水源这一重要问题。

（2）洪涝灾害控制问题　城市污水增多、降雨的径流量变大和流速增大，使短时间内的大流量径流发生，不可避免地要使洪峰流量增大，从而引起了洪涝灾害控制问题。

（3）水环境污染控制问题　城市化扩大时，枯水流量减小，城市污水的增加及雨水径流水质的恶化，引起水源水质恶化。另外，固态及液态致病污染物的处置对地下水水质也可能产生不利影响，产生了水环境污染控制问题。

### 1.2.2.1　城市水资源短缺

联合国一项研究报告指出：全球现有 12 亿人面临中度到高度缺水的压力，80 个国家水源不足，20 亿人的饮水得不到保证。预计到 2025 年，形势将会进一步恶化，缺水人口将达到 28 亿～33 亿。中国是一个缺水严重的国家。水利部公布的 2013 年水资源公报显示，我国水资源总量约为 2.8 万亿立方米，占全球水资源的 6%，仅次于巴西、俄罗斯和加拿大，居世界第四位，但人均只有 2200m³，仅为世界平均水平的 1/4、美国的 1/5，在世界上名列121 位，是全球 13 个人均水资源最贫乏的国家之一。扣除难以利用的洪水径流和散布在偏

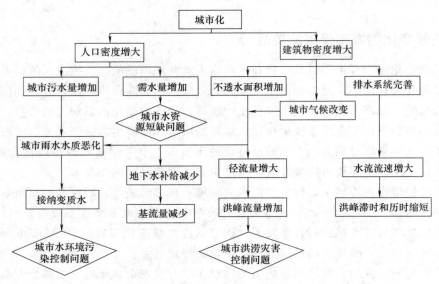

图 1-1　城市化对城市水环境的影响

远地区的地下水资源后，中国现实可利用的淡水资源量则更少，仅为 11000 亿立方米左右，人均可利用水资源量约为 900m³。全国 600 多个城市中，已有 400 多个城市存在供水不足问题，其中缺水比较严重的城市达 110 个，全国城市缺水总量为 60 亿立方米。

我国水资源呈现地区分布不均和时程变化两大特点。降水量从东南沿海向西北内陆递减，可简单概括为"五多五少"，即总量多、人均少，南方多、北方少，东部多、西部少，夏秋多、冬春少，山区多、平原少。这也造成了全国水土资源不平衡现象，如：长江流域和长江以南耕地只占全国的 36%，而水资源量却占全国的 80%；黄、淮、海三大流域，水资源量只占全国的 8%，而耕地却占全国的 40%，水土资源相差悬殊。同时，年内、年际分配不均，旱涝灾害频繁。大部分地区年内连续 4 个月降水量占全年的 70% 以上，连续丰水或连续枯水年较为常见。

虽然我国水资源总量不少，但这些水资源并不是都可以利用的，加上水资源浪费、污染以及气候变暖、降水减少等原因，加剧了水资源短缺的危机。按照国际标准，人均水资源低于 3000m³ 为轻度缺水，低于 2000m³ 为中度缺水，低于 1000m³ 为重度缺水，低于 500m³ 为极度缺水。照此，目前我国有 16 个省区重度缺水，6 个省区极度缺水，全国 600 多个城市中有 400 多个属于"严重缺水"和"缺水"城市。京津冀人均水资源仅 286m³，为全国人均的 1/8，世界人均的 1/32，远低于国际公认的人均 500m³ 的"极度缺水"标准。

我国年用水量整体呈现递增趋势，用水结构也发生了很大变化，农业用水比例逐年下降，而工业和生活以及生态用水所占比例逐年上升。2013 年，全国总用水量达到 6183.4 亿立方米，占当年水资源总量的 22.1%，其中生活用水占 12.1%，工业用水占 22.8%，农业用水占 63.4%，生态环境补水（仅包括人为措施供给的城镇环境用水和部分河湖、湿地补水）占 1.7%。按照国际经验，一个国家用水量超过其水资源的 20%，就很可能会发生水资源危机。根据最近几年的水资源状况分析，我国已接近水资源危机的边缘。水利部的资料也显示，我国用水总量正逐步接近国务院确定的 2020 年用水总量控制目标，开发空间十分有限，目前年均缺水量高达 500 多亿立方米。水资源短缺已经成为我国城市化进程的重要阻碍，并且导致一些生态问题的出现。

#### 1.2.2.2　城市洪涝灾害

（1）城市洪水问题　我国洪水灾害分布极广，除沙漠、戈壁、极端干旱和高原山区外，大约 2/3 的国土面积上存在着不同程度的洪水灾害，全国 600 多个城市中有 90% 都存在防洪问题，西高东低的地形有利于洪水的汇集和快速到达下游，其中危害最严重的是发生在我国东部经济较发达地区的暴雨洪水和沿海风暴潮灾害。由于东部地区不仅人口密集，而且 80% 的人口生活在沿江、沿河的平原地带，土地开发利用程度高，经济较为发达，洪水灾害造成的损失也十分巨大。此外，由于城市不断扩张，人口集中，工业发达，交通拥塞，大气污染严重，且城市中的建筑大多以石头、混凝土和沥青等材料为主，绿地减少，加上建筑物本身对风的阻挡或减弱作用等因素，城市气温明显高于外围郊区，形成热岛效应，逐渐成为强降雨中心，导致一次次大雨或暴雨。城区不透水面积增加、排水系统管网化、河道渠化等导致城市下泄洪峰成数倍至十几倍增长，对下游洪水威胁逐年增加，导致城市下游地区的防洪问题日趋严重。近年来，由于城市化步伐的加快，随着城市人口增加，城市不断外扩，老城区周围原有的土地被大量人为硬化，甚至河道滩地被侵占，很多农田村庄被快速改造成新城，人与洪水争地，破坏了原有水系，大大减小了河道行洪能力和洪水滞蓄空间，降低了城市的防洪能力。

（2）城市内涝问题　随着城市化进程的加快，城市不透水地面面积比例急剧增大、雨水下渗量减少、地表径流增加及市政排水系统的负荷加重，部分城市的城区排水系统建设跟不上城市发展的速度，加上历史欠账较多，存在排水管网系统不完善，老城区排水设计标准较低，部分管渠、河道淤积严重等问题。导致行洪排涝能力不足。

城市内涝形成的具体原因主要体现在如下几个方面：

① 城市硬化面积过大　硬化地面面积过大的直接后果就是城市综合径流系数增大，引发产流量增加，从而加大了排水系统的压力。

② 城市排水规划的不合理　规划设计不合理、条块分割严重、系统性考虑不足、部分关键地段规划的排水能力不足、后续建筑的持续跟进导致排水压力过大。部分新建区的雨、污水就近排入旧城区排水管网，加大了旧城区排水管网负荷，导致旧城区管道排水不畅。

③ 管网配套不完善，设计重现期较低　随着城市市区面积增加，市政道路网初步形成，但与之配套的市政排水系统和出口大部分未完善。大部分开发较早地区管网的暴雨设计重现期仅为 0.5～1 年，这也就导致城市将来发展时排水能力不足。

④ 排水和排洪体系不同步　我国城市排水和排洪有两套体系，目前我国城市排水体系只有一套小排水体系，而对城市内涝所要建立的大排水体系并没有做出明确的规划和要求，两套体系缺乏沟通和交流，常常因洪水位较高导致顶托现象，引起城市排水不畅。

⑤ 城市的无序建设　城市开发过程使大部分天然的调蓄池遭到破坏、减少甚至消失，雨、污水全部排入市区管网，使管网负荷增加，而下游管网未得到相应的增容改造，许多地区管网形成瓶颈效应，致使排水不畅，造成内涝。

⑥ 系统维护的问题　重地上轻地下导致基础设施维护重视不够，维护管理水平有待提高。部分排水管渠堵塞严重，管渠内的杂物包括生活垃圾、建筑泥浆和垃圾，排水管渠设施缺少必要的沉泥和冲刷装置，导致管道内沉积了大量的杂物。由于这些垃圾不能及时清通，使得这些杂物越积越多，本来就超负荷的管道过水断面进一步减小，导致排水不畅。此外，部分雨水口被人为堵死，部分雨水口由于长年不清通堵塞严重，导致雨水不能由雨水口及时排入排水管网，而沿地面顺势汇集至低洼地区，导致这些地区内涝受淹。

### 1.2.2.3　城市水环境污染

（1）径流污染　城市径流是城市化造成的雨水的地表径流，这种径流是世界许多城市化地区水污染的主要来源。随着城市建设的不断发展，不透水表面（由沥青、水泥、混凝土等建造的道路、停车场和人行道）在土地开发过程中不断建设，在暴风雨和其他强降水过程中，水流流过这些不透水的表面往往会携带道路和停车场中的汽油、机油、重金属、垃圾和其他污染物以及草坪中的化肥和农药，这些污染物随着城市径流汇集流入雨水排水系统，大多数城市的雨水排水系统会将未处理的雨水直接排入溪流、江河和海湾，而不是通过植被和土壤对污水进行过滤。

城区径流污染的突出特征是污染源时空分布离散性、污染途径随机多样性、污染成分复杂多变性、污染源和污染成分监控困难性等。污染来源主要体现在如下几个方面：

① 屋面雨水　一般认为，屋面雨水水质较好。但有的屋面雨水水质并非如此，这主要与屋面材料、空气质量、气温等外部因素有关。其中，屋面材料受季节和温度的影响对径流水质的影响最大。一般来说，屋顶雨水内含有大量的有机化合物与锌（由镀锌水槽产生）。

② 道路及停车场径流雨水　道路及停车场径流雨水中的污染物主要为路面沉淀物和垃圾等，主要来源于车辆的泄漏和燃烧产生的副产品、丢弃的废弃物、轮胎摩擦、防冻剂使用、杀虫剂和肥料的使用等，污染成分主要包括有机或无机化合物、氮、磷、金属和油类等。道路径流初期雨水中污染物如 COD、TSS、重金属和石油类不仅浓度很高，而且是城区路面雨水中最主要的污染物。

③ 绿地径流雨水　城市绿地作为城市的一个重要组成部分，在美化城市环境、减少地面降雨径流量、补充地下水等方面起到重要的作用。绿地径流雨水通过土壤、植物的过滤和渗析作用，其污染物浓度远远低于同一场次降雨过程中在商住综合区和工业区屋面雨水以及道路径流雨水中污染物的浓度。但是由于冲刷效应，少部分污染物会随着雨水径流冲刷出去，对城市水体造成一定的污染。此外，住宅的草坪、公园和高尔夫球场中使用的化肥是硝酸盐和磷的一个重要来源。

（2）黑臭水体　所谓"黑臭"，主要属于环境景观、物理指标范畴，是指在视觉上河流水体因污染而呈现的明显异常颜色（通常是黑色或泛黑色），同时产生在嗅觉上引起人们感觉不适甚至厌恶的气味，是水体感官性污染最常见的一种现象。

在我国城市化和工业化进程加快的过程中，由于水污染控制与治理措施滞后，或者能力有限与水平低下，一些城市水体尤其是中小城市水体，直接成为工业、农业及生活废水的主要排放通道和场所，导致城市水体大面积受污染，引起水体富营养化，形成黑臭水体。

近几十年来，我国城市黑臭水体的范围和程度不断增加，在全国大部分城市河段中，流经繁华区域的水体部分受到不同程度的污染，尤其是各大流域的二级与三级支流的黑臭问题比较多，且劣化程度逐年提高。如淮河，2014 年国家环境质量状况公报数据表明，干流水质全年都在Ⅳ类水以上，但主要支流的劣Ⅴ类水体超过 23％。在各大水系中，海河的劣Ⅴ类水质程度最高，国控断面监测数据表明，干流劣Ⅴ类达 37％，支流劣Ⅴ类达 44％。

水体黑臭主要是水体缺氧造成的，同时也与水体富营养化和底泥沉积有关。国家重大水专项相关研究结果表明：当溶解氧降低到 2.0mg/L 时，水体将处于缺氧状态；当溶解氧为 3～5mg/L 时，水体中有机污染物和氨氮含量一般也会超过地表水Ⅴ类标准，呈现有色有味状态，但有水生生物存在；当溶解氧大于 6mg/L 时，水体处于有氧状态，有机物降解和氨氧化速率显著增加，水体开始具有自净能力。在以污水处理厂出水为主要补水水源的水域，水中有机物主要为难降解有机物，BOD 接近零，COD 和氨氮通过自净也难以达到地表水 V 类标准的要求。

具体来说，水体发生黑臭的主要原因有如下几方面：

① 外源有机物和氨氮消耗水中氧气　城市水体一旦超量受纳外源性有机物以及一些动植物的腐殖质，如居民生活污水、畜禽粪便、农产品加工污染物等，水中的溶解氧就会被快速消耗。当溶解氧下降到一个过低水平时，大量有机物在厌氧菌的作用下进一步分解，产生硫化氢、胺、氨和其他带异味易挥发的小分子化合物，从而散发出臭味。同时，厌氧条件下，沉积物中产生的甲烷、氮气、硫化氢等难溶于水的气体，在上升过程中携带污泥进入水相，使水体发黑。

② 内源底泥中释放污染物　当水体被污染后，部分污染物日积月累，通过沉降作用或颗粒物吸附作用进入到水体底泥中。在酸性、还原条件下，污染物和氨氮从底泥中释放，厌氧发酵产生的甲烷及氮气导致底泥上浮也是水体黑臭的重要原因之一。有研究指出，在一些污染水体中，底泥中污染物的释放量与外源污染的总量相当。此外，由于城市河道中有大量营养物质，导致河道中藻类过量繁殖。这些藻类在生长初期给水体补充氧气，在死亡后分解矿化形成耗氧有机物和氨氮，导致季节性水体黑臭现象并产生极其强烈的腥臭味。

③ 不流动和水温升高的影响　丧失生态功能的水体，往往流动性降低或完全消失，直接导致水体复氧能力衰退，局部水域或水层亏氧问题严重，形成适宜蓝绿藻快速繁殖的水动力条件，增加了水华暴发风险，引发水体水质恶化。此外，水温的升高将加快水体中微生物和藻类分解有机物及氨氮的速度，加速溶解氧消耗，加剧水体黑臭。

根据《城市黑臭水体整治工作指南》，城市黑臭水体是指城市建成区内，呈现令人不悦的颜色（黑色或泛黑色）和（或）散发出令人不适气味（臭或恶臭）的水体的统称。根据黑臭程度的不同，可将其细分为"轻度黑臭"和"重度黑臭"两级。"轻度黑臭"和"重度黑臭"的分级标准如表 1-1 所列。

表 1-1　城市黑臭水体污染程度分级标准

| 特征指标 | 轻度黑臭 | 重度黑臭 |
| --- | --- | --- |
| 透明度/cm | 10～25① | <10① |
| 溶解氧/(mg/L) | 0.2～2.0 | <0.2 |
| 氧化还原电位/mV | −200～50 | <−200 |
| 氨氮浓度/(mg/L) | 8.0～15 | >15 |

① 水深不足 25cm 时，该指标按水深 40% 取值。

从表 1-1 中可以看出，城市黑臭水体分级的评价指标主要包括透明度、溶解氧（DO）、氧化还原电位（ORP）和氨氮（$NH_3-N$）浓度。值得注意的是，有机物污染是导致黑臭的直接原因，但评价指标并不包括用以表征有机物含量的化学需氧量（COD）或生化需氧量（BOD），这主要是因为 COD 或 BOD 虽是水体黑臭的诱导因素，但不是黑臭水体的特征。

目前，普遍接受的观点是：水体中有机污染物含量过高时，在好氧微生物的作用下，有机物分解会大量消耗水中的氧气，使水体转化成缺氧或厌氧状态。在缺氧和厌氧条件下，水体中的铁、锰等金属离子与水中的硫离子形成硫化亚铁、硫化锰等化合物。悬浮颗粒吸附硫化亚铁、硫化锰等，致使水体变黑；有机物腐败、分解，产生氨、硫化氢、硫醇、硫醚、有机胺和有机酸等恶臭物质，致使水体变臭。

综上所述，影响水体黑臭的主要因素有有机污染物浓度、营养物质浓度、污染时间（污染形成后经历的时间）、水力条件、温度条件等。

（3）水体富营养化　水体富营养化（eutrophication）是指在人类活动的影响下，生物所需的氮、磷等营养物质大量进入湖泊、河口、海湾等缓流水体，引起藻类及其他浮游生物迅速繁殖，水体溶解氧量下降，水质恶化，鱼类及其他生物大量死亡的现象。水体出现富营养化现象时，浮游藻类大量繁殖，形成水华，因占优势的浮游藻类的颜色不同，水面往往呈现蓝色、红色、棕色、乳白色等。这种现象在海洋中则叫作赤潮或红潮。其实质是由于营养盐的输入、输出失去平衡性，从而导致水生态系统中物种分布失衡，单一物种疯长，破坏了系统的物质与能量的流动，使整个水生态系统逐渐走向灭亡。

水体富营养化与生活污水排入、地表径流、雨污水排入都有关系。种植用的化肥、农药中的氮磷等营养盐、空气中的污染物等通过降雨径流都会给水体带来营养物质，久而久之，水体中的营养物质富集，就会造成水体富营养化。

在地表淡水系统中，磷酸盐通常是植物生长的限制因素，而在海水系统中往往是氨氮和硝酸盐限制植物的生长以及总的生产量。导致富营养化的物质，往往是这些水系统中含量有限的营养物质。例如，在正常的淡水系统中磷含量通常是有限的，因此增加磷酸盐会导致植物的过度生长，而在海水系统中磷的含量十分丰富，氮含量却是有限的，因而含氮污染物的加入就会消除这一限制因素，从而出现植物过度生长的现象。生活污水和化肥、食品等工业废水以及农田排水都含有大量的氮、磷及其他无机盐类，天然水体接纳这些废水后，水中营养物质增多，促使自养型生物旺盛生长，特别是蓝藻和红藻的个体数量迅速增加，而其他藻类的种类则逐渐减少。水体中的藻类本来以硅藻和绿藻为主，蓝藻的大量出现是富营养化的征兆，随着富营养化的发展，最后变为以蓝藻为主。藻类繁殖迅速，而且生长周期短。藻类及其他浮游生物死亡后被需氧微生物分解，不断消耗水中的溶解氧，或被厌氧微生物分解，不断产生硫化氢等气体，从两个方面使水质恶化，造成鱼类和其他水生生物大量死亡。藻类及其他浮游生物的残体在腐烂过程中又把大量的氮、磷等营养物质释放入水中，供新的一代藻类等生物利用。因此，已经产生富营养化的水体，即使切断外界营养物质的来源，水体也很难自净和恢复到正常状态。

水体富营养化常导致水生生态系统紊乱，水生生物种类减少，多样性受到破坏。水体富营养化的危害主要表现在如下几个方面：

① 富营养化造成水的透明度降低，阳光难以穿透水层，从而影响水中植物的光合作用和氧气的释放，同时浮游生物的大量繁殖消耗了水中大量的氧，使水中溶解氧严重不足，而水面植物的光合作用则可能造成局部溶解氧的过饱和。溶解氧过饱和以及水中溶解氧少都对水生动物（主要是鱼类）有害，造成鱼类大量死亡。

② 富营养化水体底层堆积的有机物质在厌氧条件下分解产生的有害气体以及一些浮游生物产生的生物毒素（如石房蛤毒素）也会伤害水生动物。

③ 富营养化水中含有亚硝酸盐和硝酸盐，人畜长期饮用这些物质含量超过一定标准的水会中毒致病等。

## 1.2.3　海绵城市理念的提出

基于极端气候变化和城市水环境问题的日益加剧，人们开始寻求理想的城市建设与管理方法来提高应对灾害的能力和消除这些负面影响。"海绵城市"的理论基础是最佳管理措施

（BMPs）、低影响开发（LID）和绿色基础设施（GI），都是将水资源可持续利用、良性水循环、内涝防治、水污染防治等作为综合目标。

20世纪70年代，美国提出了"最佳管理措施"，最初主要用于控制城市和农村的面源污染，而后逐渐发展成为控制降雨径流水量和水质的生态可持续的综合性措施。

在最佳管理措施的基础上，20世纪90年代末期，由美国东部马里兰州的乔治王子县（Prince George's County）和西北地区的西雅图（Seattle）、波特兰市（Portland）共同提出了"低影响开发"的理念。其初始原理是通过分散的、小规模的源头控制技术，来实现对暴雨所产生的径流和污染的控制，减少城市开发行为活动对场地水文状况的冲击，是一种发展中的、以生态系统为基础的、从径流源头开始的暴雨管理方法。在1990年，马里兰州乔治王子县环境资源部首次正式倡导和提出低影响开发（low impact development，LID）雨水系统的设计理念和策略。1998年，乔治王子县推出了第一个LID的使用手册，后被修改扩展为向美国全国发行的LID手册，该手册于2000年正式出版。LID是一种基于小尺度、分散式、以修复和维持天然条件下的水文生态自循环为目标的可持续综合雨洪污染控制与利用模式。同传统的雨水管理系统设计方法不同，LID理念重视雨水排放的源头控制，强调人工排水系统应最大限度模拟自然界的水文环境，尽可能降低雨水系统对自然环境的影响。它融合了绿色空间、自然景观、大自然原有的水文地理功能及其他多学科的技术，达到减少建设场地雨洪水排水量及污染负荷的目的。它也是美国绿色建筑委员会（USGBC）"LEED"（leadership in energy and environmental design）认证中可持续的场地设计策略之一。其核心是维持场地开发前后水文特征不变，包括径流总量、峰值流量、峰现时间等。从水文循环角度考虑，采取渗透、储存等方式来维持径流总量不变，实现开发后一定量的径流量不外排。要维持峰值流量不变，就要采取渗透、储存、调节等措施削减峰值、延缓峰值时间。

1999年，美国可持续发展委员会提出绿色基础设施理念，即空间上由网络中心、连接廊道和小型场地组成的天然与人工化绿色空间网络系统，通过模仿自然的进程来蓄积、延滞、渗透、蒸腾并重新利用雨水径流，削减城市灰色基础设施的负荷。

上述3种理念在雨洪管理领域既存在差异也有部分交叉，均为构建"海绵城市"提供了战略指导和技术支撑。

2012年4月，在"2012低碳城市与区域发展科技论坛"中，"海绵城市"的概念首次被提出；2013年12月12日，习近平总书记在"中央城镇化工作会议"的讲话中强调："在提升城市排水系统时要优先考虑把有限的雨水留下来，优先考虑更多利用自然力量排水，建设自然存积、自然渗透、自然净化的'海绵城市'。"而《海绵城市建设技术指南——低影响开发雨水系统构建（试行）》（建城函〔2014〕275号）以及仇保兴发表的《海绵城市（LID）的内涵、途径与展望》则对"海绵城市"的概念给出了明确的定义，即城市能够像海绵一样，在适应环境变化和应对自然灾害等方面具有良好的"弹性"，即下雨时吸水、蓄水、渗水、净水，需要时将蓄存的水"释放"并加以利用，提升城市生态系统功能和减少城市洪涝灾害的发生。

海绵城市是一种城市发展的新理念和新模式，建设海绵城市就是要转变城市传统的开发模式，从粗放的建设模式向生态绿色文明的发展方式转变。《国务院办公厅关于推进海绵城市建设的指导意见》（国办发〔2015〕75号）指出："海绵城市是指通过加强城市规划建设管理，充分发挥建筑、道路和绿地、水系等生态系统对雨水的吸纳、蓄渗和缓释作用，有效控制雨水径流，实现自然积存、自然渗透、自然净化的城市发展方式。"传统城市建设模式主要依靠管渠、泵站等"灰色基础设施"来组织排放径流雨水，以"快速排除"和"末端集中"控制为主要设计原则，而海绵城市则强调优先利用植被草沟、雨水花园、生物滞留池、下沉式绿地等"绿色基础设施"来组织排放径流雨水，以"慢排缓释"和"源头分散"控制为主要设计理念，强调采用低影响开发理念，合理利用城市雨洪资源，通过加强城市规划建设管理，实现雨水径流的有效控制，从而建立新的城市发展模式，实现资源与环境的协调发展。我国大多数城市土地开发强度普遍较大，仅在场地采用分散式源头削减措施，难以实现开发前后径流总量和峰值流量等维持基本不变，所以还必须借助于中途、末端等综合措施，来实现开发后水文特征接近于开发前的目标。

# 1.3　海绵城市建设的任务和内容

　　海绵城市的建设包括对雨洪的调蓄、对雨水资源的收集以及对地下水的利用等多方面的内容，由应对城市雨洪问题逐渐地变为解决城市水与生态问题的综合性方法。就现阶段而言，建设具有吸、放功能的海绵型城市，将城市变为能够吸存水、过滤污染物以及过滤空气的大海绵，给城市带来降温、防洪、捕碳等效益，能彻底解决原来由人为造成的城市对水和生态的阻绝问题。

　　城市中水的问题非常复杂，既相互关联，又自成系统，海绵城市将这些子系统整合起来，综合考虑解决城市内涝、水环境污染、水资源利用和水生态保护的最佳方案。因此，海绵城市建设是一项复杂的系统工程，和目前政府大力推进的黑臭河整治、排水防涝、水资源利用和水生态保护相互关联，涉及排入河道的出口、污水截留干管、市政及小区管网收集系统、污水处理、再生水利用等。由此可见，海绵城市建设内容涉及城市建设的很多方面，除了在建筑与小区、道路与广场、公园与绿地采取源头控制的措施外，还涉及市政基础设施的建设、改造和优化。无论采取何种"渗透、滞流、蓄存、净化、利用、排放"手段和措施，目的都是缓解城市内涝，控制水体污染，提高雨水资源利用率，实现城市的可持续发展。

思　考　题

1. 什么是海绵城市？海绵城市的基本含义包括哪几个方面？
2. 国外应对城市雨水问题的相关概念和理念主要有哪些？
3. 城市化的发展对水环境所产生的直接或间接影响主要表现在哪几个方面？
4. 造成城市洪涝灾害问题的主要原因有哪些？
5. 什么是黑臭水体？简述形成黑臭水体的原因。
6. 什么是水体富营养化？富营养化有什么危害？
7. 海绵城市建设的任务及主要内容是什么？

# 第 2 章
# 海绵城市理论基础

## 2.1 城市水循环

### 2.1.1 水循环分类

水循环包括自然循环和社会循环两种类型。

（1）水的自然循环　水的自然循环是指大自然的水通过蒸发、植物蒸腾、水汽输送、降水、地表径流、下渗、地下径流等环节，在水圈、大气圈、岩石圈、生物圈中进行连续运动的过程。在这个过程中，水利用所吸收的太阳能转变其存在形态，并由地球的一个地方移动到另外一个地方，如地面的水分蒸发成为水蒸气进入空气，随气流移动到其他地方。水的存在形态主要包括固态、液态和气态，其转变的推动力主要来源于物理作用，如蒸发、降水、渗透、表面流动和内部流动等。海面、湖面以及地表面的液态水在太阳辐射的热力和地球引力的作用下，蒸发成气态水并在空气中凝结成云，云随风飘动，遇冷形成降水（雨、雪、雾、霜），地面降水形成地表和地下径流，汇集成小溪、大河、大江，奔流入海，然后再被蒸发，如此循环往复。自然界中水的这种运动称为自然水循环，如图 2-1 所示。

（2）水的社会循环　水的社会循环是指在水的自然循环过程中，人类不断地利用其中的地下或地表径流满足生活与生产活动之需而产生的人为水循环。比如人类兴建的蓄水设施（水坝、水库、水井）、引水设施（泵站、水渠、输水管线等）、给水处理与供配水管网、城市防洪及雨水排泄设施、污水处理及排水设施等系统，都是典型的水的社会循环的一部分，如图 2-2 所示。

水的自然循环和社会循环是密不可分的，水的社会循环依赖于自然循环，但是会对水的自然循环造成一定程度的影响。因此，人类活动和用水循环必须与自然循环相协调，才能最大限度地降低负面效应，从而促进人类和环境的共同发展。

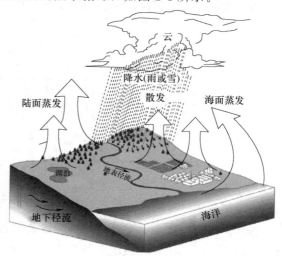

图 2-1　水的自然循环

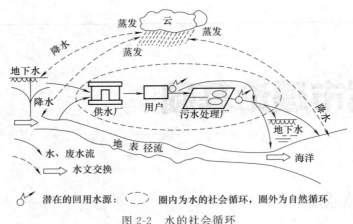

图 2-2　水的社会循环

## 2.1.2　雨水径流

### 2.1.2.1　径流的形成

径流是指降雨所形成的并沿地面或地下向水体流动的水流。降雨开始时，一部分雨水滞留在植物枝叶上，称为植物截留。降落到地面上的雨水一般是向土中入渗，除补充土壤含水量外，逐步向下层渗透，如能到达地下水面，则成为地下径流。当降雨强度超过了土壤下渗能力时产生超渗雨，并沿坡面向低处流动，称为坡面漫流或坡面汇流。当坡面上有洼坑时，超渗雨要把流动途径上的洼坑填满以后，才能往更低处流去，这些洼坑积蓄的水量称填洼量。扣除植物截留、下渗、填洼后的降雨进入溪沟，最后成为流域出口径流，这部分径流称为地表径流。表层土壤的含水量首先达到饱和后，继续下渗的雨水沿饱和层的坡度在土壤孔隙间流动，注入河槽形成径流，称为表层流或壤中流。进入河网的水流，从上游向下游、从支流向干流汇集，先后流经流域出口断面，这个过程称为河网汇流。闭合流域径流形成的自然物理过程如图 2-3 所示。

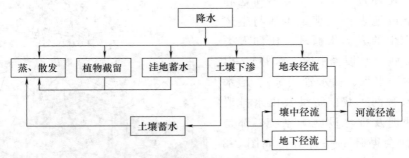

图 2-3　闭合流域径流形成的自然物理过程

在径流形成过程中，把从降雨中扣除各项损失称为产流阶段，把坡面汇流及河网汇流称为汇流阶段。事实上，在流域各处产生的径流，在向出口断面汇集的过程中，降雨、下渗、蒸发等现象的全部或一部分是在不同程度上同时发生的。将径流形成过程划分为产流阶段和汇流阶段只是为了简化分析计算工作，并不意味着流域上一次降水所引起的径流形成过程可以截然划分为前后相继的两个不同阶段。一次降水过程，经植物截留、填洼、入渗和蒸发等项扣除一部分雨量之后，进入河网的水量自然比降雨总量小，而且经过坡面漫流及河网汇流两次再分配的作用，使出口断面的径流过程比降雨过程变化缓慢、历时增长、时间滞后。

#### 2.1.2.2　径流的表示法和度量单位

径流量（$W$）：是指时段 $t$ 内通过某一断面的总水量，常用单位为 $m^3$、$10^4\,m^3$、$10^8\,m^3$ 等。

流量（$Q$）：单位时间通过某一断面的水量，单位为 $m^3/s$。流量随时间的变化过程用流量过程线表示。时段平均流量是指径流量 $W$（$m^3$）除以时段长度 $t$（$s$），用 $m^3/s$ 表示。

径流系数 $\alpha$（runoff coefficient）：是一定汇水面积内总径流量（mm）与降水量（mm）的比值，是任意时段内的径流深度 $Y$ 与造成该时段径流所对应的降水深度 $X$ 的比值，其计算公式为 $\alpha=Y/X$。径流系数说明在降水量中有多少水变成了径流，而其余部分水量则损耗于植物截留、填洼、入渗和蒸发，它综合反映了流域内自然地理要素对径流的影响。在国内，径流系数有时又分为流量径流系数和雨量径流系数。

径流系数主要受集水区的地形、流域特性因子、平均坡度、地表植被情况及土壤特性等的影响。径流系数越大则代表降雨较不易被土壤吸收，即会增加排水沟渠的负荷。

径流系数的地区差异：$\alpha$ 值变化于 $0\sim1$ 之间，湿润地区 $\alpha$ 值大，干旱地区 $\alpha$ 值小。我国台湾地区河流年平均径流系数 $>0.7$，而径流贫乏的海滦河平原，年平均径流系数仅有 0.1，表明我国台湾地区径流更丰富。根据计算时段的不同，径流系数可分为多年平均径流系数、年平均径流系数和洪水径流系数等。

根据《建筑给水排水设计规范》（GB 50015—2003）（2009 版），居住小区、公共建筑区、民用建筑、工业建筑和厂房屋面雨水排水设计中雨水设计径流系数取值可按表 2-1 选用。

**表 2-1　小区及建筑屋面雨水设计径流系数**

| 屋面、地面种类 | 径流系数 $\alpha$ | 屋面、地面种类 | 径流系数 $\alpha$ |
|---|---|---|---|
| 屋面 | 0.90～1.00 | 干砖及碎石路面 | 0.40 |
| 混凝土和沥青路面 | 0.90 | 非铺砌路面 | 0.30 |
| 块石路面 | 0.60 | 公园绿地 | 0.15 |
| 级配碎石路面 | 0.45 | | |

注：各种汇水面积的综合径流系数应加权平均计算。

根据《室外排水设计规范》（GB 50014—2006），室外排水设计中雨水设计径流系数取值可按表 2-2、表 2-3 选用（本规范适用于新建、扩建和改建的城镇、工业区和居住区的永久性的室外排水工程设计）。

**表 2-2　室外雨水设计径流系数**

| 地面种类 | $\alpha$ | 地面种类 | $\alpha$ |
|---|---|---|---|
| 各种屋面、混凝土或沥青路面 | 0.85～0.95 | 干砌砖石或碎石路面 | 0.35～0.40 |
| 大块石铺砌路面或沥青表面处理的碎石路面 | 0.55～0.65 | 非铺砌土路面 | 0.25～0.35 |
| 级配碎石路面 | 0.40～0.50 | 公园或绿地 | 0.10～0.20 |

**表 2-3　综合径流系数**

| 区域情况 | $\alpha$ | 区域情况 | $\alpha$ |
|---|---|---|---|
| 城市建筑密集区 | 0.60～0.85 | 城市建筑稀疏区 | 0.20～0.45 |
| 城市建筑较密集区 | 0.45～0.6 | | |

### 2.1.3 城市化对城市水循环的影响形式

#### 2.1.3.1 对局部降水的影响

早在1921年，研究者就发现大城市地区能够影响降水，城市中心区比郊区更容易产生雷暴天气。在过去的30年里，许多观测数据和气候研究结果已经证明了城市化效应能影响降水变化。早期的研究发现，美国的主要城市在暖季城区及下风方向的降水量增加9%～17%。20世纪70年代，美国开展了一项城市气象试验（METROMEX），旨在广泛调查城市环境对降水的影响效应，结果发现城市化效应能使夏季的降水量呈增加趋势。增加降水的区域主要集中在城市中心及其下风方向50～75km的范围内，降水值比背景值增多5%～25%。另一个研究成果也表明了城市地区及下风方向降水量的大小及降水区域与城市面积的大小有关。人们利用地面气象资料进行了统计分析，发现城市人口增多使菲尼克斯夏季雷暴天气出现在午后的概率增大。理想条件下城市化效应对降水影响示意图如图2-4所示。

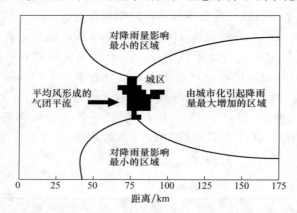

图2-4 理想条件下城市化效应对降水影响示意图

（1）城市化对降水的影响机制 城市化对降水的影响机制主要包括如下几个方面：

① 城市环境中下垫面粗糙度的增大导致了低层辐合作用的加强；

② 城市热岛效应产生的大气边界层的热扰动形成热岛环流，从而产生对流云；

③ 城市环境中气溶胶的增加为云的产生提供了充足的吸湿性凝结核；

④ 由城市冠层的相关过程而引起降水系统的分流；

⑤ 其他机制，如城市环境充当对流发展所需的水汽来源。

除了这些机制外，一些研究成果还发现海滨城市的降水变化受地理因素的影响。

综合各方面观点，城市化影响降水的主要因素有下垫面、城市热岛、气溶胶、地形条件、水汽条件等。

① 下垫面 下垫面主要是从下垫面几何形状（粗糙度、地物走向）、热属性（热导率、反射率）影响降水的。增加城市下垫面粗糙度，使其产生气流的辐合作用加强，从而对局地对流有加强的作用。城郊下垫面粗糙度变化，引起城郊的辐合程度差异，在大气流动的作用下影响降水系统的移动和强度。城市环境改变了下垫面的热效应，如屋顶、街道和墙体的热通量变化，导致显热变化。研究发现，城市化导致显热通量的最大值出现的时间提前，并且大大减少了潜热通量。此外，研究还发现，城市化使其市区的感热通量远远大于郊区，潜热通量低于郊区，城市可用水汽来源和蒸散量减小。其他最新成果指出，人为改善下垫面条件能优化其不利影响，城市中的绿色植物有利于增加降水，草对降水的促进作用比树更明显。

② 城市热岛 在城市化影响降水的过程中，常常伴有城市热岛效应，并与之产生反馈作用。城市气温明显高于周围乡村的现象称为"城市热岛"。城市中心气温最高，而向周围乡村逐步递减，在郊区递减速度较快。

造成城市热岛的原因主要为：

a. 人为热源；

b. 建筑材料的热容性；

c. 建筑结构峡谷形式增加了接受辐射的面积；

d. 大气污染增强了大气吸收太阳辐射的能力。

城市热岛现象会对水汽蒸发、空气对流产生明显影响，从而影响降雨特性。由于城市化增加了房屋和道路等不透水面积，绿化面积减少，用人工表面代替了土壤和草地等自然地面，改变了下垫面的组成和性质，从而改变了反射和辐射面的性质，改变了近地面层的热交换和地面的粗糙度，导致大气的物理状况受到影响，形成了城市热岛。在天气晴朗无云、大范围内气压梯度极小的形势下，由于城市热岛的存在，城市中形成一个低压中心，并出现上升气流。从热岛垂直结构看来，在一定高度范围内，城市低空空气的气温都比郊区同高度的空气高，因此，随着市区热空气的不断上升，郊区近地面的空气必然从四面八方流入城市，风向向热岛中心辐合。

城市热岛产生的热岛环流引起对流产生，从而促进降水的形成和移动，降水引起的能量变化也影响着城市的热环境。研究发现，城市热岛效应导致冰雹事件发生的概率增加。

③ 气溶胶　气溶胶（aerosol）是由固体或液体小质点分散并悬浮在气体介质中形成的胶体分散体系，又称气体分散体系。其分散相为固体或液体小质点，其大小为 0.001～100μm，分散介质为气体。液体气溶胶通常称为雾，固体气溶胶通常称为雾烟。天空中的云、雾、尘埃，工业和运输业上用的锅炉和各种发动机里未燃尽的燃料所形成的烟，采矿、采石场磨材和粮食加工时所形成的固体粉尘，人造的掩蔽烟幕和毒烟等都是气溶胶的具体实例。气溶胶从微物理过程、大气动力过程、云降水等方面影响降水。城市和郊区的小云凝结核（CCN）抑制降水，这是因为云降水必须使云层变厚且云顶温度变冷，也就是当气溶胶被浅且短时的云吸收时将抑制降水。城市大气明显富含尘埃和 $SO_2$ 等气体，这些废气含硝酸盐和硫酸盐类物质，善于吸附水汽成为凝结核，并起到增加雨量的作用。城区工厂生产、交通运输、人们日常活动使得城市上空大气中尘埃比天然情况下高出几倍至几千倍，使得城市空气污染加重，为城区降水提供了更多的凝结核。

④ 地形条件　城市人口的急剧膨胀使现有土地远远不能满足城市发展的用地需求。因此，一些沿海、沿湖、沿江城市为了城市发展而采取了一系列造地措施（填埋湖泊、江河、海洋），极大地影响水汽循环、生态系统、碳循环。地形在局地降水形成、发展中起着举足轻重的作用，地形本身尺度及其与大气相互作用的复杂性，导致了地形影响降水的动力、热力、微物理效应十分复杂，而这些正是导致天气系统中局部异常天气产生的一个主要因素。一些研究表明，地形条件与局地降水有着密切的联系，城市地形条件的变化增加了城市暴雨灾害发生的可能性。此外，城市中高度不一的高层建筑物如同屏障，城市的人工热源形成热湍流，当水汽从郊外向城区移动时，在城区滞留时间加长，导致城区的降水量增大和降雨时间延长。

⑤ 水汽条件　城市结构的改变能引起水汽条件发生变化。城市化使对流层气象活动增加，引起局部区域降水量增大。在大多数城市，城市结构特征使地表水汽蒸散量减小，从而使降水减少。但是在一些干旱地区的城市，也存在因地表灌溉和人为水汽的排放，使当地降水量增大。研究者发现，气溶胶的增加对城市下风区降水有增强作用，并分析其原因可能是人为灌溉增加了空气湿度，从而使降水量增加。

（2）城市化对降水影响的表现 城市化对降水具有显著影响，突出表现在 3 个方面。首先，郊区降水量小于城区内降水量，且降水量的增长率与城市地形地貌及下垫面变化情况具有相关性；其次，城区内下风向降水量大于郊区，且在时间和空间分布上存在显著差异，也就是说降水量从城区中心向外部延伸，呈现逐渐减少的趋势；最后，城市化可对四季降水产生不同影响，其中冬季是降水变化情况受到城市化影响最为明显的季节。

城市化往往是一个长期过程，气候变化也是缓慢的，不易被人察觉。城市化对气候变化的影响见表 2-4。

**表 2-4** 城市化对气候变化的影响

| 要　素 | 与郊区比 | 要　素 | 与郊区比 |
|---|---|---|---|
| 凝结核 | 多 10 倍 | 云量 | 多 5%～10% |
| 微粒 | 多 10 倍 | 雾 | 多 30%～100% |
| 日照 | 少 5%～15% | 温度 | 高 0.5～3℃ |
| 降水总量 | 多 5%～15% | 相对湿度 | 小 6% |
| 降水日数 | 多 10% | 风速 | 小 20%～30% |
| 雷暴 | 多 10%～15% | 无风日 | 多 5%～20% |

### 2.1.3.2　对蒸发和散发的影响

蒸发和散发是水循环过程中的重要组成部分，是城市水循环过程中受下垫面状况和气候变化影响最为直接的环节之一。美国权威领域研究结果表明，自然流域情况下，蒸发和散发在城市总降水量中占据很大比例。随着城市化进程的不断加快，多植被覆盖面积和土壤被城市基础设施代替，例如沥青道路、建筑物及广场等，导致不透水面积逐年加大，进而使得蒸发量大大降低。人工路面持水能力有限，其蒸发持续时间比植被、土壤短很多。与此同时，温度、湿度及风速等蒸发过程中的主要控制因素发生变化后，会明显影响蒸发量。

蒸发过程及蒸发率大小受多种因素的影响，主要包括以下四个方面：一是辐射、气温、湿度、气压、风速等气象因素；二是土壤含水率的大小及其分布；三是植物生理特性；四是土壤岩性、结构和潜水埋深。城市不透水区域的蒸发和散发除了受上述因素的影响外，还与降水量和洼地储水量密切相关。在城市化作用下，城区的气象要素会发生变化，如气温升高、空气湿度和风速降低等。温度升高对蒸发和散发有增加效应，但由于城市水面及植被覆盖面积普遍较小，且硬化路面阻隔了土壤及潜水蒸发的通道，使得城区缺少蒸发的水源，实际蒸发和散发量反而可能减少。另有研究发现，城市区域的日照时数较城市化程度较低时有所减少，这意味着城市获取太阳辐射的能量减少，可能导致蒸发和散发量减少。由于不透水表面的阻隔，土壤获取的降水补给明显减少。同时，地下水超采导致地下水位持续下降，使土壤包气带厚度和地下水埋深增大，不利于土壤水与潜水蒸发。目前，我国城市区域的绿化水平普遍还比较低，植被指数较小，受城区光强减弱、空气湿度减小、土壤含水量减小等因素影响，植被蒸腾作用也会相应减弱。虽然气温和二氧化碳浓度升高有利于增加植物蒸腾速率，但作用有限，超过一定范围反而会起到抑制作用。此外，城区地面平整，降水主要以洪水的形式流走，可供蒸发的填洼水量十分有限。通过以上分析，虽然增加或减少城区蒸发和散发的因素同时存在，但综合来看其减少效应明显大于增加效应，也是城市蒸发和散发量普遍减小的重要原因。

### 2.1.3.3　对河湖生态的影响

完整的河流湖泊水生态系统由水流、河道、湖泊、蓄滞洪区、滩地、沿河土地以及水中和陆地的动植物等构成。城市化使得土地利用和土地覆被发生变化，从而对土地性质及对依附于土地的河流湖泊水生态系统产生显著影响。我国城市化的表现主要有河网水系遭到破坏、雨洪关系改变和水质下降。

城市的河网水系、雨洪情况和土地利用与覆被变化相关。城市化导致城市河网水系减少，而城市河网水系减少导致雨洪过程线变尖变陡，使得城市排水安全受到威胁。同时，城市化也会导致水质下降。我国城市化进程较快，由此所带来的水生态和水环境问题更加突出，主要表现为雨洪灾害频发、河流流量减小、河流湖泊污染严重等。

城市化发展必然会对生态环境造成显著的影响，且影响程度与城市化发展水平呈正相关。其中，城市化发展进程中，会大量改造土地，其变化情况不仅使流域内生态系统产生物理性变化，而且会不断改变生态系统的生物特征及化学特性，进而引起区域"河流综合征"。例如，城市化进程越快，植被覆盖率越小，其对相关污染物的拦截、消解作用将逐渐弱化，进一步排入自然水体中的污染物会不断增加。城市化发展会改变区域流域的河流形态和河网布局，导致河流缩短且逐渐变窄，严重时直接导致河流、湖泊消亡，进而出现城市河流生态功能退化。

城市化会使河道结构变得更加渠道化和简单化，而城市市政建设（给排水）会给自然水循环主要线路布局带来直接影响，在一定程度上破坏了水生态系统。近几年来，我国很多地区出现河流水系消失现象，且消失频率逐年增大，这种现象在导致河网结构出现改变的同时，也使我国城市河道渠道化现象更加严重，使水质逐渐恶化，且加大了干旱、洪涝的发生率和波及范围。研究结果显示，区域内河流等级越小，其受到城镇化发展的影响和制约越显著，也由此给城市给排水系统建设带来更大压力。

### 2.1.3.4　对地下水资源的影响

由于地表水资源短缺，许多地区地下水资源就成为城市生产和生活的主要供水水源。随着城市化规模越来越大，水资源利用量也越来越大，与之相应的水资源问题日益突出，主要表现在如下几个方面：

（1）地下水严重超采　为满足城市正常的生活和生产，不得不集中大量开采地下水，造成地下水超采严重，不但涉及大中城市，而且也涉及小城市和乡镇。地下水的严重超采，不仅有可能导致地下水枯竭、影响城市供水，而且会造成地面沉降、建筑物破坏等一系列环境地质问题。

（2）地下水资源的补给减少　城市建筑物及沥青、混凝土路面的增多，使不透水面积的比例增大，一般可达80%以上。对于各种屋面、混凝土和沥青路面，其地表径流系数为0.90左右，也就是说，仅大约10%的雨水渗入土壤。降雨后，除少数雨水截留与蒸发外，大部分通过地下雨水管道系统排出，因此，降雨补给地下水的资源量大为减少。

（3）地下水污染　城市中工业生产过程中排出的污水、居民的生活污水等，如果不经处理排入河道、湖塘和洼地都会间接污染地下水。此外，向透水地面倾倒污水、堆放的垃圾被雨水冲淋、污水管道泄漏以及其他地面污染物经雨水冲刷，均可造成对地下水的污染。

### 2.1.3.5　对径流过程的影响

径流过程主要受降水和下垫面变化的影响。其中，城市下垫面的变化对径流过程的影响主要表现在两个方面：一是产流过程的变化；二是汇流过程的变化。

天然下垫面一般下渗能力较大，但城市化使其改变为楼房的屋顶、道路、街道、高速公路、机场、停车场及建筑工地等，不透水面积大量增加，使天然的径流过程改变为具有城市特色的径流过程。

城市不透水面积的增加致使雨水入渗作用大大削弱，洼地蓄水大量减少。一般地，天然地表洼地蓄水，砂地可达5mm，黏土可达3mm，草坪可达4～10mm，甚至有报告已观测到了在植物密集地区可高达25mm的记录，而光滑的平水泥地面在产生径流前只能保持1mm的水。城市化前流域保持着自然的流域特征，城市化后大面积的天然植被和土壤被街道、工厂、住宅等建筑物代替，使下垫面不透水面积增加，下垫面的滞水性、渗透性等发生了变化。与天然的地表层相比，硬质化后的人工下垫面粗糙度比自然地表要小得多，这导致从降雨到产流的时间大大缩短，产流速度和径流量都大大增加，所形成的洪峰时间集中，强度加大，对低洼地带造成了更大的压力，如图2-5所示。当城市原有排水系统不能满足排水要求时，常形成地面积水现象，容易产生内涝。城市化后，由于河道漫滩被挤占，河槽过水断面减小，行洪能力削弱，易发生洪灾。此外，城市化较少考虑土地的生态环境功能以及土地利用的合理性，随意挤占河道、池塘、水田等湿地，致使城市部分内河消失，大量滞洪空间被填为平地，使本来就不适宜作为建筑开发的低洼湿地变成大片城建区，城市的雨水调蓄能力大大降低，增加了排入河道的洪峰流量。北美洲安大略环境部资料显示，大气降水在城市化前后的收支比例发生了显著的变化，如表2-5所列。

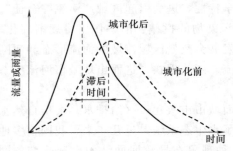

图 2-5　城市化对降雨径流峰值影响示意图

**表 2-5**　大气降水在城市化前后的收支比例

| 对比项目 | 降水 | 流域蒸发 | 地表径流 | 入渗地下 | 暴雨入管道 |
|---|---|---|---|---|---|
| 城市化前收支比例/% | 100 | 40 | 10 | 50 | 0 |
| 城市化后收支比例/% | 100 | 25 | 43 | 32 | 75 |

#### 2.1.3.6　对水土流失的影响

人们在进行城市化改造过程中，会使生态环境、地形地貌发生本质上的改变，进而出现严重的水土流失。例如，城市化改造活动可导致河流消失，加之不断增加的非透水地表面积，引起降水产流的洪峰流量进一步增加，进而增大了水流的侵蚀作用。与此同时，城市化建设中大量基础设施项目会导致土壤功能出现持续性下降，大量泥沙堵住排洪设施，降低了城市排洪能力。

# 2.2　城市雨水控制与利用

## 2.2.1　城市雨水径流的灾害特征

城市具有如下几个特点：①空间的集中性；②人口的密集性；③经济的多样性、聚集性、开放性和高效性；④社会活动的广泛性。由于城市人口众多，建筑密集，财富集中，是社会的经济、文化、政治中心，因而城市雨水灾害具有损失重、影响大等特点。

城市灾害对人类社会造成的危害具体表现在如下几个方面：

① 造成巨大的生命、财产损失　随着城市的发展，城市水灾害所造成的生命、财产损失也将增加。更重要的是由于城市人口的急剧增加，好多新建的公用设施、企业和住宅区向容易受灾的低洼地区或沟谷等危险区域发展的趋势增加，易造成更大损失。

② 对城市生命线工程的影响　城市和工业现代化程度越高，对生命线工程的依赖就越重，而自然灾害对生命线工程的潜在威胁也就越大。如不加以防御，一旦发生灾害，必将导致极其严重的后果。

③ 对地下设施的影响　随着城市现代化的不断扩大和发展，城市中好多设施都在向地下发展，在地下生活和活动的城市人口将日益增加，如果在城市内出现洪涝灾害，首先应有足够的设施确保地下人员和财产的安全。

④ 对社会运行机制的影响　城市灾害不仅可以给灾区造成重大的经济损失，而且可以使社会动荡不安，破坏社会正常运行机制，从而产生更为深远的影响。

## 2.2.2　城市雨水径流的水质特征

雨水的成分主要是水，含有少量二氧化硫、二氧化氮，如遇雷雨，雨水中会含有少量的臭氧分子，此外还有空气中的各种各样的杂质和浮尘。城市雨水径流中有相当程度的污染物，尤其是初期雨水，COD 含量甚至高达 2000mg/L 以上，大大超过城市生活污水中的浓度，其他一些污染指标也可达到较高的污染浓度。雨水径流具有随机性、非连续性、突发性、难以控制等特点，对城市水环境造成很大的威胁。其中的污染物质来源主要有大气污染物沉降、汽车泄漏和尾气排放、轮胎磨损、下垫面材料的污染、动植物废物（落叶、动物排泄物等）、杀虫剂及融雪剂残留、城市垃圾和土壤侵蚀等。雨水径流中污染物的浓度影响因素也非常多，主要有下垫面情况、气候、温度、雨前晴天数、雨型、降雨强度等。一般而言，径流水质中主要污染物为悬浮物（SS）、有机物（COD）、TSS、TN、TP 等，这些物质如果随雨水径流进入水体，都有可能对水环境造成严重的影响。

城市下垫面可分成路面、屋面、绿地三大类。污染物浓度情况一般是路面＞屋面＞绿地。城市道路初期雨水中主要污染物（如 TSS、COD 等）浓度非常高，TN、TP 也可达地表Ⅴ类水质的数倍，是水体的重要污染源，具有很强的污染性；屋面雨水也具有很高的污染物浓度，但略低于道路初期雨水；城市绿地植被密度较大，本身对污染物存在一定的截流作用，被雨水浸泡冲刷出来的污染物浓度较低。降雨初期径流总体上含有的污染物质浓度很高，变化范围也很大，同时污染物浓度影响因素众多，在不同地区甚至在同一城市的不同时段污染物浓度也并不相同，可见降雨径流的水质特征具有一定的时空变化性和复杂性。

## 2.2.3　雨水径流的主要控制措施

海绵城市就是将城市比喻成"海绵"，具有良好的"弹性"，能够适应环境变化和应对自然灾害等，在降雨时能够就地或者就近吸收、存蓄、渗透、净化雨水，补充地下水，调节水循环，在干旱缺水时能将蓄存的水释放出来，并加以利用，从而让水在城市中的迁移活动更加"自然"，即通过渗、滞、蓄、净、用、排等多种生态化的技术措施，构建低影响开发（low impact development，LID）的雨水系统。

（1）渗　加强自然的渗透，可以减小地表径流，减少雨水从硬化不透水路面汇集到市政管网里的时间，同时涵养地下水、补充地下水的不足，还能通过土壤净化水质，改善城市微气候。而渗透雨水的方法多样，主要是改用各种路面、地面透水铺装材料使城市路面自然渗透，改造屋顶绿化，调整绿地竖向，从源头将雨水留下来然后"渗"下去。"渗"可以通过建设绿色屋顶、可渗透路面、砂石地面和自然地面，以及透水性停车场和广场等来实现。

（2）滞　其主要作用是延缓短时间内形成的雨水径流量。例如，通过微地形调节，让雨水慢慢地汇集到一个地方，用时间换空间。通过"滞"，可以延缓形成径流的高峰。"滞"的具体形式总结为雨水花园、生态滞留池、渗透池、人工湿地。

（3）蓄　"蓄"即尊重自然的地形地貌，使降雨自然散落并把雨水留下来。由于人工建设破坏了自然地形地貌后，径流雨水容易在短时间内汇集到一个地方形成涝，所以要把降雨蓄起来，以达到调蓄和错峰作用。通过保护、恢复和改造城市建成区内河湖水域、湿地并加以利用，因地制宜建设雨水收集调蓄设施实现雨水调蓄。地下蓄水样式多样，日常用得最多的是塑料模块蓄水和地下蓄水池。

（4）净　"净"即建设污水处理设施及管网、初期雨水处理设施，适当开展生态水循环及处理系统建设；在满足防洪和排水防涝安全的前提下，建设人工湿地，改造不透水的硬质铺砌河道、建设沿岸生态缓坡；通过土壤的渗透，植被、绿地系统截留，水体自净功能等对水质进行净化。除此以外，可以将雨水蓄起来，经过净化处理，然后回用于城市杂用。雨水净化系统根据区域环境不同可设置不同的净化体系。根据城市现状可将区域环境雨水收集净化大体分为三类，即居住区雨水收集净化、工业区雨水收集净化、市政公共区域雨水收集净化。根据这三种区域环境可设置不同的雨水净化环节，而现阶段较为熟悉的净化过程分为土壤渗滤净化、人工湿地净化、物化处理、生物处理。

（5）用　在经过土壤渗滤净化、人工湿地净化、生物处理多层净化之后的雨水要尽可能被利用，如将停车场上面的雨水收集净化后用于洗车等。雨水利用不仅能收集水资源，而且能缓解洪涝灾害。应该通过"渗"涵养，通过"蓄"把水留在原地，再通过净化把水"用"在原地。

（6）排　利用城市竖向与排水工程设施相结合、排水防涝设施与天然水系河道相结合、地面排水与地下雨水管渠相结合的方式来实现一般排放和超标雨水排放，避免内涝等灾害。开展河道清淤、城市河流湖泊整治，恢复天然河湖水系连通。

# 2.3　低影响开发关键技术

低影响开发的核心是在不破坏场地自然水文功能的前提下，通过设计源头的雨洪分散、消减的小型控制设施，有效缓解城市洪峰量增加、下渗系数减小、面源污染负荷加重等问题。

根据城市的降雨过程，区域低影响开发技术主要包括源头截留技术、促渗技术、调蓄技术、过滤净化技术和径流传输技术等五种。

## 2.3.1　源头截留技术

截留技术是通过材料或者结构，将降雨过程中雨水形成径流的速度减缓，通过增加雨水汇集的面积来达到延缓径流目的的技术。典型的源头截留技术包括绿色屋顶、植物群落冠层截留等。

（1）绿色屋顶　绿色屋顶也叫种植屋面、屋顶绿化等。它是指在不同类型的建筑物、立交桥、构筑物等的屋面、阳台或者露台上种植花草树木，保护生态，营造绿色空间的屋顶。绿色屋顶能够通过其植物的茎叶和根系调节径流，降解水中的污染物。屋顶园林景观（包括屋顶绿化、空中花园）建设是随着城市密度的增大和建筑的多层化而出现的，是城市绿化向立体空间发展、拓展绿色空间、扩大城市多维自然因素的一种绿化美化形式。屋顶绿化的好处主要表现在如下几个方面：

① 提高城市绿化覆盖，创造空中景观　我国城市的人均绿化面积较小，绿色屋顶的实施可以在很大程度上增加人均绿化面积。以一个 10 万平方米的小区为例，取屋顶面积为 25％，即有 2.5 万平方米的绿化面积。传统的屋面材料主要为沥青、混凝土等，视觉效果较差，并且对雨水的收集起不到很好的效果。绿色屋顶能使人赏心悦目，绿色与城市现代化交相辉映，感官效果良好。同时，绿色屋顶可以充分地让居民们感受到大自然的气息，极富美学体验。

② 吸附尘埃、减少噪声，改善环境质量　绿色屋顶可以吸收空气中的灰尘及 $CO_2$，减少温室效应。植物可以通过光合作用及叶片的吸附等作用，对空气污染物进行削减。同时，绿色屋顶可以通过绿化层的滞留、吸收，将屋顶的污染物如 COD、SS 等有效地削减，从而保护大气环境和水环境免受破坏。

③ 缓解雨水屋面溢流，减少排水压力　通常，沥青混凝土屋顶的径流系数取 0.9，而绿色屋顶的径流系数约为 0.3，由此可见，绿色屋顶可以有效地截留雨水，削减雨水径流总量，减少城市排水不畅和洪涝灾害。同时，绿色屋顶可有效地节约水资源，促进环境保护和水循环平衡。

④ 有效保护屋面结构，延长防水层寿命　实验表明，普通建筑屋面（无绿色屋顶的屋面）在夏季阳光最为强烈的时刻，温度可达到 80℃，在冬季冰雪覆盖的夜晚，温度甚至可以达到零下 20℃。较大的温度差对于普通屋面的屋面材料损害极大，易造成屋面材料的变形及老化，会使屋面漏水，影响居民的生活。种植植被的屋面夏季温度通常可以保持在 20～25℃，可以有效地防止屋面的老化、变形，减小了屋面裂缝的可能，延长了建筑物的使用寿命。同时，在冬季，绿色植被起到隔离的作用，有助于保持室内热量，达到保温的效果。统计表明，冬季无绿色屋顶的屋面比有绿色屋顶的屋面温度低 2.4℃，在夏天白天的温度比传统屋顶低 30％。

除了上面几个优点外，绿色屋顶还可以保持建筑冬暖夏凉，节约能源消耗，减少城市热岛效应，发挥生态功效。

（2）植物群落冠层截留　冠层截留是指雨水在植物叶表面吸着力、重力、承托力和水分子内聚力作用下的叶表面水分储存现象。雨水在降落到地面的过程中，首先降落在植物冠层的表面，植物冠层由于表面张力的作用会截留一部分降雨，当截留的降雨重量超过冠层的表面张力时，多余的降雨将会降落到地面，此时的截留雨水量称为植物冠层的截留容量。植物的冠层截留是一个重要的水文过程，对土壤入渗、地表径流形成、土壤湿度变化等多个过程均会产生影响。截留降雨的植物冠层主要包括森林冠层、作物冠层和草地冠层，其影响因素包括冠层特征、降雨特征和蒸发速率。

### 2.3.2　促渗技术

　　雨水入渗是雨水利用回补地下水的一种有效方法，它的产生源于城市建筑不断增加，导致硬化地面过多，雨水无法回到地下。雨水渗透设施让雨水回灌地下，补充、涵养地下水源，是一种间接的雨水利用技术。雨水入渗可以有效缓解地面沉降、减少水涝和海水倒灌等，入渗也可与雨水收集回用相结合使用。天然渗透在城区以绿地为主，它具有透水性好的特点，能实现雨水的引入利用，可减少绿化用水并改善城市水环境，对雨水中夹杂的污染物具有较强的截留和净化作用。天然渗透的缺点是渗透流量受土壤性质的限制，雨水中含有较多的杂质和悬浮物，会影响绿地的质量和渗透性能。

　　促渗技术能改变地面材料或结构，让雨水透过地面材料的空隙或结构下渗至场地内部，同时材料或结构对雨水有一定的过滤净化作用，如透水铺装、绿色停车场、绿色街道等。促渗可分为分散渗透技术和集中回灌技术两大类。分散渗透技术可用于城区、生活小区、公园、道路等，其规模大小不一，设施简单，既可减轻对雨水收集、输送系统的压力，补充地下水，又可充分利用表层植被和土壤的净化功能，减少径流带入水体的污染物。集中回灌技术是直接向地下深层回灌雨水，对地下水水位、雨水水质有更高的要求，不宜在利用地下水作饮用水水源的城市采用。

　　促进雨水下渗的技术措施很多，具体有透水性路面、下凹式绿地、渗透检查井、渗透管、分散式渗透沟、渗透池、雨水渗透回灌设施、干式渗井回灌、集中式湿式渗井回灌等，如图 2-6 所示。具体促渗措施应根据当地的降雨量、地形、地貌、面积大小等条件进行综合考虑，一般遵循如下设计理念：

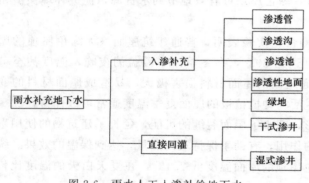

图 2-6　雨水人工入渗补给地下水

　　① 为了促进雨水入渗，应尽量减少居住区景观中的硬质铺装，提高居住区的绿化率。

　　② 在一个小区内可将渗透地面、绿地、渗透池、渗透井和渗透管等组合成一个渗透系统。充分渗透地面和绿地截留净化杂质，超出其渗透能力的雨水进入渗透池，实现渗透、调蓄、净化，渗透池的溢流雨水再通过渗井和滤管集聚，提供景观用水。

　　③ 在主干道路采用透水沥青，步道采用透水砖，并配以砂石作为基层，实现面层结构的透水设计。

　　④ 停车场采用嵌草铺装，游乐场采用透水材料，利用周边坡度将雨水排至景观凹槽中。

### 2.3.3　调蓄技术

　　调蓄技术是储存一定量的雨水径流，并对其进行净化，当设施内的雨水达到饱和时，通过溢流口排入市政雨水管网，而干旱时可向周边绿地提供水资源。常用的调蓄技术包括下凹式绿地、雨水花园和调蓄池等。家庭储存雨水可采用罐、缸、桶等；社区环境可修建蓄水池，也可利用水景和人工湖。

（1）下凹式绿地　下凹式绿地利用下凹空间实现雨水径流的暂时储存，从而使得雨水能够充分蓄积下渗，延缓峰值到来的时间，降低径流污染和峰值流量。下凹式绿地可以结合城市公园景观设计在场地内进行布置，具有简单易行、雨水渗透效果好、经济节约等特点。为保证下凹绿地的雨水渗透量和植物的正常生长，其深度应达到相关工程要求。绿地一般低于路面高程 100～200mm，以 50mm 为下限，为保证暴雨时雨水径流的排放，雨水溢流口应结合地下管线位置布置在绿地内，溢流口高于绿地底部 50～100mm，而低于路面高程。此外，绿地面积也是保障其发挥渗透功能的关键性参数，相关研究表明：下凹绿地面积占汇水区面积比例为 20% 时，可以消纳 30%～90% 的径流量，甚至实现无外排雨水。影响下凹式绿地的设计参数还包括土壤渗透率、设计降雨量、植物特性等。

下凹式绿地布置在与公园道路、活动广场、建筑等不透水区域相邻的位置，就地滞留下渗雨水径流效果最好，也可以在较大面积的绿地内设置部分区域为自然式下凹绿地来促进雨水渗透，能起到消能和削减峰值流量的作用，但这种情况下受地形影响较大，且单独设置的方式调蓄效果相对较低。通常，公园具有大面积的绿地空间，雨水在重力作用下能流向下凹空间，公园交通流量较大区域附近的下凹绿地还应对安全性进行考虑，需对路缘石加以改造。

（2）雨水花园　雨水花园是指在绿地低洼区域种有灌木、花草乃至树木等植物的雨水源头滞留净化储存工程设施。雨水花园主要包括径流量和径流污染的控制，其中径流量的控制能够同时起到净化水质、美化环境和补充地下水的作用。径流量控制适用于水质较好的小汇水区域，如污染较轻的屋面和道路雨水、城乡分散的单户庭院径流等。径流污染控制主要利用物理、化学和生物三者的协同作用去除污染物，主要针对降雨初期污染较为严重的初期径流，一般适用于径流污染严重的广场、停车场、公路等。相关研究表明，雨水花园能够起到很好的雨水调蓄功能，当汇水面积为自身面积的两倍时，可以削减 40% 以上的百年一遇的暴雨洪峰，同时还能够去除 60% 的氮、磷等营养物质。但是，雨水花园对重金属的持久吸附能力是有限的，在使用 15～20 年后，其累积的重金属量可能会威胁人类的健康。因此，可以选择合适的种植植物，以减少土壤中重金属的累积量，并定期对土壤进行修复。

（3）调蓄池　雨水调蓄池是一种雨水收集设施，主要是把雨水径流的高峰流量暂留在调蓄池内，待最大流量下降后再从池中将雨水慢慢地排出，以削减洪峰流量，减小下游雨水干管的管径，提高区域的排水标准和防洪能力，减少内涝灾害，既能规避雨水洪峰，提高雨水利用率，又能控制初期雨水对受纳水体的污染，还能对排水区域间的排水调度起到积极作用。有些城镇地区将合流制排水系统溢流污染物或分流制排水系统排放的初期雨水暂时储存在调蓄池中，待降雨结束后，再将储存的雨污水通过污水管道输送至污水处理厂，达到控制面源污染、保护水体水质的目的。典型合流制调蓄池工作原理如图 2-7 所示。雨水利用工程中，为满足雨水利用的要求而设置调蓄池储存雨水，储存的雨水净化后可综合利用。

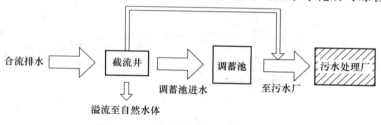

图 2-7　典型合流制调蓄池工作原理

调蓄池既可是专用人工构筑物如地上蓄水池、地下混凝土池，也可是天然场所或已有设施如河道、池塘、人工湖、景观水池等。而由于调蓄池一般占地较大，应尽量利用现有设施或天然场所建设雨水调蓄池，可降低建设费用，取得良好的社会效益。有条件的地方可根据地形、地貌等条件，结合停车场、运动场、公园等建设集水调蓄、防洪、城市景观、休闲娱乐等于一体的多功能调蓄池。

按照旱季有无存水的标准，可将多功能调蓄池分为干式和湿式两类。干式多功能调蓄池是指在旱季干燥、雨季储水的一类调蓄设施。根据雨水的排放形式及土壤特性又可将其分为渗透型和防渗型两类。渗透型调蓄池的池底多采用渗透性能较好的材料，雨水透过池底渗入土壤，可有效地回补地下水。防渗型调蓄池通常在池底铺设防水层，雨水沿着池底流向附近的排水管网或是下一级受纳水体。湿式多功能调蓄池类似于人工湿地、坑塘，作为城市的水景观，其常年保持有一定的水位。在雨季来临时，调蓄池收集汇聚而来的地表径流，并利用水生植物对水体进行过滤和净化。为保证调蓄池水体不受污染，径流在汇入调蓄池之前需进行截污处理。多功能调蓄池在设计中要综合考虑场地土壤条件、降水状况、地下水位高度等因素，并可结合游步道、广场、绿地以及游憩设施等元素进行布置，来营造多样的雨水景观。多功能调蓄池的平面设计形式较为灵活，可采用规整式或者自然式，但需要注意设计形式与周边环境相协调。由于其具备多种使用功能，在设计中要综合考虑安全问题，特别是在开放性水域或是水深超过一定标准的区域，可利用植物种植来形成安全屏障，防止意外发生。

### 2.3.4 过滤净化技术

过滤净化技术是通过各种物理、生物作用削减径流污染物，减轻径流流动带来的面源污染。雨水过滤净化技术包括源头过滤净化技术和终端过滤净化技术两种。

（1）源头过滤净化技术 源头过滤净化技术主要用于降低雨水径流的污染，可以作为局部污染严重区域和雨水收集回用前的预处理。常见的源头过滤净化设施主要有植被缓冲带、渗井和过滤树池等。

① 植被缓冲带 植被缓冲带是指在水体边缘的植被缓坡，通常设计坡度为 $2\%\sim6\%$，其构造是种植着各种植物的草坡和拦水坝，如图 2-8 所示。通过植物的拦截，可以减缓径流流速，减少水土流失，延长缓冲带的作用时间，使雨水得到充分吸收与渗透，截留净化径流中的污染物。为保证对雨水的净化质量，其宽度不宜小于 2m，植被宽度越大，阻力越大，雨洪控制效果越好。植被缓冲带的经济性较好，但是其对场地大小及坡度的要求较高。

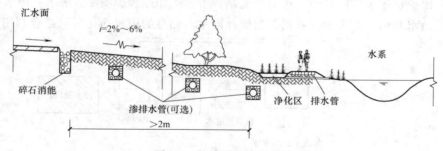

图 2-8 植被缓冲带示意图

② 渗井和过滤树池　渗井和过滤树池都属于小型过滤净化设施，分别布置在建筑和道路周边，对径流污染进行源头控制。

渗井主要对屋面径流水质进行管理，布置在建筑物室外地下，其与建筑物的距离至少3m，且距地下水位不小于1m。当雨水落入渗井后向内部填充的碎石进行渗透，依靠土壤的渗透性，净化回补地下水。也可增设渗排管，加强效果。

过滤树池是在公园主路两侧行道树下布置的过滤净化设施，能够收集园路产生的部分雨水径流进行就地净化，同时还能暂时将雨水径流储存在过滤树池中，保持植物根部湿润，从而降低绿化灌溉水量。此外，在过滤树池中，雨水在缓慢向周围土壤渗透的过程中还能回补地下水。由于过滤树池能暂时储存一定量的径流，应选择耐湿的须根植物。

（2）终端过滤净化技术　终端过滤净化技术是将雨水收集到管网末端或者储存池中，再集中进行物理化学或者生物处理，去除雨水中的污染物。给水与污水处理的许多工艺可以应用于雨水处理中，但由于雨水的水量和水质变化大，而且雨水的可生化性比较差，多采用物理处理法。利用生物处理雨水的效率一般比较低，投资和运行费用也比较大，所以常常在雨水污染负荷较小时采用。城市雨水净化一般包括预处理、二级处理、深度处理和储存。雨水的净化程度取决于雨水回用的目的，如：回用于灌溉时，只需简单处理；作为锅炉水回用时，要求处理程度较高；用于各种清洁用途时，可在压力泵出口处的两个闸门之间安装一个初级过滤器，清除水中的悬浮物，即可使用。二级处理多采用生物处理，有生物转盘、生物接触稳定池、滴滤池和氧化塘等工艺。

一般说来，雨水要经过调节池进行净化处理，再进入储存池。若把调节池和净化处理合二为一，就形成了雨水综合池。雨水综合池可长时间截流雨水，提供沉淀、过滤、渗透等净化处理，具有调节雨水水量和对雨水进行简单处理的能力，可实现雨水回用系统多重效益。与传统的调节池相比，它不仅具有平抑洪峰值、减少下游管段容量的功能，而且可以实现雨水回用、减污等多种功能。利用带砂滤装置的综合池，可削减85%的颗粒污染物，实现非饮用水的直接回用。

## 2.3.5　径流传输技术

径流传输技术是通过竖向控制，延长径流流动路径，利用生态传输设施来降低径流流速及流量，收集滞留和传输雨水径流并改善水质的动态雨水技术，用于连接滞留渗透设施和收集储存设施，从而形成雨洪管理系统网络。通常使用的雨水径流传输设施主要有生态植草沟、旱溪、雨水沟。具体设计时，可与建筑落水管、铺装场地、其他单项雨水设施、城市排水管网系统等衔接，将不能就地下渗的雨水径流进行收集渗透并引导至末端收集储存。

（1）生态植草沟　植草沟技术是欧美国家针对暴雨径流造成的城市面源污染治理研究得到的一种成果，该技术的出发点是解决城市面源污染，是名副其实的生态技术。生态植草沟也称湿草沟，是指种植有植被的地表雨水排放沟渠，一般建于道路、广场等硬质地面旁。生态植草沟能够利用不同密度的植物控制雨水流速，从而延长雨水在沟渠内的停留时间，同时净化雨水。该措施可以与雨水池、人工湖等合建，作为上游雨水的截污处理设施，能够提供水质良好的可回用雨水。由于长期保持潮湿状态，有利于微生物的生长，因此对雨水污染物的去除效果好于干草沟。植草沟不仅有治理污染的功能，而且本身具有景观性，可以带给人特定的景观视觉感受。在我国海绵城市建设理念中，植草沟被作为种植植被的景观性地表沟渠排水系统，也是泥沙和污染物的"过滤器"。

植草沟从上至下依次为植被层、种植土层、过滤层、渗排水管以及砾石层，相当于一个带有多级挡板的雨水传输渠道，其主要目的是延长雨水在沟渠内的停留时间并进行净化，而不是储存雨水。因此，其断面形式多为倒抛物线形、三角形或梯形，并具有一定的坡度（平原地区一般取 2%～6%，山地可根据地势适当增大），以便于水体流动，但当建设坡度过大时，为防止水流过快而无法达到雨水净化的目的，还需要通过增大植物种植密度、放置小石块或塑料模块来降低雨水流速，其最大流速应控制在 0.8m/s 以内。

为了达到雨水入渗、削减洪峰的效果，植草沟宜建在土壤渗透率较高的地方。多年研究和项目案例表明，设计规范的植草沟对径流的削减率可达到 40%，对氮、磷等雨水中营养物质的去除率可达到 35% 以上，对 SS 的去除率可达到 40% 以上。

（2）旱溪　旱溪是模仿自然界中干枯河床环境的雨水设施，以铺设卵石的溪床为主体，呈线性布置，其主要功能是雨水径流传输和景观营造。在平时处于干涸状态，雨季可应对降雨引发的径流问题，同时可结合跌水、景桥、植物等设计要素营造自然景观效果。旱溪所处地势，两侧高中间低，剖面呈抛物线形，深度和宽度的比例一般为 1：2，通常是利用场地的自然排水条件，结合竖向设计，接收绿地、铺装场地等区域的雨水径流。旱溪底部铺设粗糙石块，边缘铺设卵石，以降低雨水对溪床表面土壤的侵蚀。旱溪宜选择耐干旱和短时水淹的草本植物，较常见的营造形式是旱溪花境，随季节变化能呈现多样的景观效果。

（3）雨水沟　雨水沟类似于排水明渠，由砖石等砌筑而成，主要用于传输雨水径流至收集储存设施。相较于其他雨水传输设施，雨水沟的传输效率更高，且没有固定的建造方式，平面布局可呈折线、直线、曲线等多种形式，具有更多的设计可能性，维护成本低。但由于其植被覆盖少，过滤净化效果较弱，引导雨水进入水体前，可与过滤净化等预处理设施连接。雨水沟深度一般为 100～450mm，宽度大于深度，可在底部铺设石块降低径流速度。

## 2.4　超标雨水排放技术

在城市内涝防治体系中，大、小排水系统起着极为重要的作用。小排水系统一般包括雨水管渠、调节池、排水泵站等传统设施，主要承担重现期为 1～5 年暴雨量的安全排放，保证城市和居住区的正常运行；大排水系统是输送高重现期暴雨径流的蓄排系统，主要针对城市超常暴雨情况，设计暴雨重现期一般为 5～100 年。大排水系统一般由隧道、绿地、水系、调蓄水池、道路等设施组成，通过地表排水通道或地下排水隧道，转输小排水系统无法转输的径流，该系统也被称为城市内涝防治系统。由于大排水系统的重现期设计标准比小排水系统高，因此，存在超标雨水量的排放问题。超标雨水量是发生超过小排水系统设计标准，但又小于大排水系统防治标准的降雨量。超标雨水径流排放系统用来应对超过雨水管渠系统设计标准的雨水径流，是城市内涝防治系统的重要组成，与城市雨水管渠系统和低影响开发雨水系统相衔接，形成从源头到末端的全过程雨水控制与管理体系。

我国在超标雨水径流系统方面没有明确的设计要求，超标雨水径流排放系统一般通过自然水体、多功能调蓄水体、行泄通道、大型调蓄池、深层隧道等自然途径或人工设施构建。当遭遇超过雨水管渠系统排水能力的特大暴雨时，通过地面或地下输送、暂存等措施缓解城市内涝，以保证城市交通等重要设施的正常运行和人民出行安全。在城市雨水系统中，可优先考虑自然水体作为超标雨水径流排放措施。若雨水管渠规模不能满足内涝防治要求，可添加雨水调蓄池。

低影响开发雨水系统、城市雨水管渠系统及超标雨水径流排放系统是海绵城市建设的重要基础元素，三个系统不是孤立的，也没有严格的界限，三者相互补充、相互依存。其中，低影响开发雨水系统可以通过对雨水的渗透、储存、调节、转输与截污净化等功能，有效控制径流总量、径流峰值和径流污染；城市雨水管渠系统即传统排水系统，与低影响开发雨水系统共同组织径流雨水的收集、转输与排放；超标雨水径流排放系统用来应对超过雨水管渠系统设计标准的雨水径流，一般通过综合选择自然水体、多功能调蓄水体、行泄通道、调蓄池、深层隧道等自然途径或人工设施进行构建。

## 2.5 水生态系统保护与修复

### 2.5.1 水生态系统的内涵

所谓水生态系统，是指自然生态系统中由河流、湖泊等水域及其滨河、滨湖湿地组成的河湖生态子系统，其水陆生物群落交错带和水域空间是水生生物群落的重要生境。良好的水生生态系统在维系自然界能量流动、物质循环、净化环境、缓解温室效应等方面有显著的功能，对维护生物多样性、保持生态平衡发挥着重要的作用。

### 2.5.2 影响水生态系统的因素

由于水生态系统具有开放性，所以容易受外界影响而发生变化。其影响因素分为自然因素和人为因素。自然因素包括天体运动、水文气象条件、地质变迁等；人为因素包括截流、排污、过量取水、植被破坏、修建工程项目、造田等。这些因素的影响可以是正效应，也可以是负效应。这些因素不仅单独作用，而且相互作用，还具有叠加或叠减作用。影响水生态系统最直接、最根本的因素是水质和水量。

### 2.5.3 生境修复与生物多样性保护技术

（1）河流蜿蜒度构造技术　应用经验或测量修正蜿蜒参数直接修复原有蜿蜒模式，参考附近未受干扰河段，适当设计，让河道自然稳定。

（2）河流横断面多样性修复技术　河流横断面包括河槽、洪泛区和过渡带，在满足设计洪峰流量和平滩流量的基础上，设计多样化断面可对河流断面进行修复。

（3）河道内栖息地加强技术　利用木材、块石、适宜植物以及其他生态工程材料，在河道局部区域构筑特殊结构，调节水体与岸坡之间的作用，形成多样性的水边地貌和水流特性，增加鱼类等其他水生生物栖息地。该技术包括建设砾石与砾石群、具有护坡和掩蔽作用的圆木、挑流丁坝、叠木支撑、生态堰等。

（4）生态护岸技术　生态护岸是指恢复生态功能的自然河岸，或是具备水透性的人造护岸，不但要保证河道水环境与河岸的物质能量交换，而且要具备行洪和景观功能，但不能弱化河道的水体自净能力。生态护岸的修复机理主要是提供生物栖息地和增加水体溶解氧，以此来保持周边生物的多样性和水陆缓冲带的连续性。根据使用结构材料的不同，生态护岸可分为自然型、半自然型和人工型三类。自然型生态护岸采用植被、原木或干砌石等柔性材料建设；半自然型生态护岸则是在柔性材料基础之上加入混凝土、钢筋等材料进行加强硬度，由此提高坡面稳定性；人工型生态护岸则是使用生态混凝土、土壤固化剂和框格砌块等材料作为地基，再铺设壤土并种植草木。

（5）生态清淤技术　生态清淤技术是指以生态修复为目的去除沉积于湖底、河底的富营养物质的技术，包括清除淤泥、半悬浮的絮状物（藻类残骸、休眠状活体藻类）。

（6）水系连通技术　水系连通能提高流域和区域水资源统筹调配能力，为洪水提供畅通出路和蓄泄空间，并增强水体自净能力和修复水生态功能，统筹规划闸坝、堤防布局，优化调度运行，减缓阻隔，恢复河湖纵向、横向、竖向连通。

（7）河湖岸线控制技术　综合分析河岸开发利用与保护中存在的问题，合理确定岸线范围、划分功能区，并提出岸线布局调整和控制利用与保护措施，保障河道、湖泊行洪安全、蓄洪安全，维护河流健康，科学利用和保护岸线。

（8）过鱼设施　指为使洄游鱼类繁殖时能溯河或降河，通过河道中的水利枢纽或天然河坝而设置的建筑物及设施，包括鱼道、仿自然通道、鱼闸、升鱼机和集运鱼船。

（9）增殖放流　即对处于濒危状况或受人类活动胁迫严重，具有生态及经济价值的特定鱼类进行驯化、养殖和人工放流。

（10）迁地保护　即为给洄游鱼类提供新的产卵场地、索饵场和越冬场而采取的一定保护措施。

（11）"三场"维护技术　在水电工程建设过程中，为维护特有、濒危、土著及重要渔业资源，要特殊保护和保留未开发河段，对动物的产卵场、索饵场、越冬场等重要原生境进行保护。

（12）分层取水技术　即为减缓下泄低温水对下游水生生物或农田灌溉的不利影响，采取的水温恢复和调控措施。

（13）过饱和气体控制技术　在水库运行、发电、泄洪过程中降低泄水气体饱和度，合理消能，减少气体过饱和的发生。

## 2.5.4　环境流调控技术

环境流指维持淡水生态系统及其对人类提供的服务所必需水流的水量、水质和时空分布。

（1）生态需水控制　广义是指维持全球生态系统水分平衡的控制，包括维持水热平衡、水盐平衡、水沙平衡等所需的水。狭义是指为保护生态环境不再恶化，逐步改善所需要的水资源总量控制。

（2）生态调度控制　广义是指在强调水利工程的经济效益与社会效益的同时，将生态效益提高到应有的位置；保护流域生态系统健康，对筑坝给河流带来的生态环境影响进行补偿；考虑河流水质变化，保证下游河道的生态环境需水量。狭义是指在实现防洪、发电、供水、灌溉、航运等社会目标的前提下，兼顾河流生态系统需求的调度方式。

### 2.5.5　水景观与水文化技术

（1）水景营造技术　包括基地分析评价、水体深度与规模确定、生物栖息地营建、植被景观营建和设计营建等。

（2）浅水湾营建技术　即模拟天然河流水体的塑造形式，在河床宽阔处或者冲刷作用弱的区域，扩大水面设置浅水湾，形成缓坡断面。

（3）景观跌水营建技术　即水流从高向低由于落差跌落形成动态水景。

（4）景观喷泉营建技术　即应用水力循环系统使水循环流动起来，避免形成死水、臭水，是一种有效的曝气方式，也是一种优秀的水景营造手段。

（5）植被景观营建技术　即通过科学配置植物群落，构建具有生态防护和景观效果的滨水植被带，发挥滨水植被带对水陆生态系统廊道的过滤和防护作用，提升生态系统在水体保护、岸堤稳定、气候调节、环境美化和旅游休闲等方面的作用。

（6）线性游步道系统营建技术　即利用园路、台阶、坡道、步行桥等景观构筑元素，构建步移景异的线性景观系统。

（7）游憩场地营建技术　即建设集散广场、休息场地、观赏平台等开放空间，为人们提供休息、交往、锻炼、娱乐、观光、旅游等服务功能。

（8）景观设施营建技术　即建设景观装置、亭、廊、小品及雕塑等展示历史、地域、城建与产业文化等。

### 2.5.6　水生态环境修复技术

#### 2.5.6.1　人工湿地技术

人工湿地是在自然湿地水质净化原理的基础上派生出的生态处理技术，实质上是通过模拟自然湿地的原理和形式，人为设计和建设的湿地系统，它是由饱和基质、挺水与沉水植被、动物和微生物组成的复合生态系统。

#### 2.5.6.2　生物生态技术

生物生态技术是指利用微生物、植物等生物的生命活动，使水中污染物进行转移、转化及降解的原位水质净化技术。该技术在完成水质净化的同时，也能形成适宜多种生物生息繁衍的水生生态系统，从而提高水体的自净能力。这类技术一般工程造价较低、耗能低或无能耗，从而运行成本低廉，不会引起水体二次污染。与其他利用水处理构筑物进行水质净化的技术相比，生物生态技术并非对一定量的水流进行强制性处理，而是营造一种可通过若干作用的叠加来达到污染物去除的近自然体系，基于各种生物生态作用的融合，可产生可观的加和效应，对城市水体水质改善所起的作用也非常显著。

（1）生物挂膜技术　所谓生物挂膜，是指利用置于水中的固形介质表面上附着的生物膜的作用进行水质净化的过程。一般来说，任何能够提供附着界面的固体介质（包括人工介质和水生植物根、茎、叶等自然介质）都可提供生物挂膜的条件。通过溶解氧和有机物（BOD）从水层向生物膜的传质，有机物得以降解，生物膜得以生长和维持。与此同时，其他污染物也能通过生物膜表面的吸附作用从水中分离，生物膜的厌氧层也能发挥一定的反硝化脱氮作用。

适合于城市水体原位水质净化的人工载体通常为轻质材料，如陶粒等轻质粒状载体充填的悬浮填料床、可悬挂在水流通道中的弹性立体填料、在固定支架上设置绳状或丝状生物接触材料而构建的生物栅等，应结合所在地的自然气候条件、水体条件、污染状况、维护管理水平等因素来选用。

（2）浮床植物净化技术　浮床植物净化技术是在漂浮于水面的浮垫上种植植物，利用植物根部的吸收、吸附作用，将水中的氮、磷等营养物作为植物生长的营养物质加以利用，达到净化水体水质的目的。该技术主要适用于富营养化程度较低、有机污染程度低的城市缓流水体。浮床植物净化技术通常是城市水体原位水质净化的措施之一，宜与其他水质净化技术联合使用。

（3）水生植物净化技术　水生植物净化技术主要利用水生植物的生长过程，通过植物吸收水中营养盐等污染物，再通过水生植物的收割，达到污染物去除的目的。此外，水生植物还可利用其自身与对藻类营养物、光照和生态位的竞争，以及其分泌物，干扰和抑制水中藻类的生长，改善水体生态条件。对于污染程度较低的城市水体，水生植物净化能起到良好的生态效果。

（4）水生动物操控技术　水生动物操控技术是利用底栖动物、浮游动物、鱼类等水生动物间的捕食竞争关系，以及消费者和生产者之间的相互依赖和制约，在水中构建完整的生态食物链或食物网，改善水体的生态条件。水生动物操控有助于降低水体浮游植物量、提高水体透明度，适用于换水周期长但水体污染程度较低的城市水体。常用的水生动物包括蚌类、螺类、食草鱼类、杂食鱼类等。作为水体生态条件改善的一个环节，水生动物操控应与水生植物净化和其他措施联合使用，才能达到较好的效果。

## 思　考　题

1. 简述水的自然循环和社会循环过程。
2. 简述雨水径流形成的过程，哪些因素影响径流系数的大小？
3. 城市化对降水影响的因素有哪些？它们是怎样影响降水的？
4. 城市化如何影响河湖生态环境与地下水资源？
5. 城市化从哪几个方面影响径流过程？举例说明是如何影响的？
6. 简述城市雨水径流灾害特征，并举例说明具体的灾害。
7. 城市雨水径流的水质具有什么样的特征？雨水径流污染物主要来源有哪些？
8. 雨水径流控制的生态技术措施有哪些？它们是如何控制雨水径流的？
9. 促渗技术措施有哪些？一般遵循哪些设计理念？
10. 什么是调蓄技术？它有哪些具体形式和做法？
11. 什么是过滤净化技术？它有哪些具体形式和做法？
12. 雨水径流传输设施主要有哪些？简述生态植草沟的工作原理。
13. 什么是超标雨水径流排放系统？它的作用是什么？
14. 水生态环境修复有哪些技术？简述各项技术的原理和特点。

# 第3章
# 海绵城市建设基本方法

## 3.1 典型低影响设施建设基本方法

### 3.1.1 绿色屋顶

#### 3.1.1.1 屋顶绿化的基本类型

（1）草坪式屋顶绿化　如图3-1所示，采用抗逆性强的草本植被平铺栽植于屋顶绿化结构层上，这种绿色屋顶重量轻，适用范围广，养护投入少，可用于那些屋顶承重差、面积小的住房。

图 3-1　草坪式屋顶绿化

（2）组合式屋顶绿化　如图3-2所示，使用少部分低矮灌木和更多种类的植被进行绿化，形成高低错落的景观。与草坪式相比，需要定期养护和浇灌，在维护、费用和重量上都

图 3-2　组合式屋顶绿化

有增加。

（3）花园式屋顶绿化　如图3-3所示，使用更多的造景形式进行屋顶绿化，包括建设景观小品、建筑和水体，植被种类进一步丰富，允许栽种较为高大的乔木类，需定期浇灌和施肥，要考虑安全性。

图3-3　花园式屋顶绿化

### 3.1.1.2　绿色屋顶的构造

绿色屋顶由建筑屋顶的结构层、防水层、保护层、排水层、过滤层、蓄水层、基质层和植被层组成，如图3-4所示。

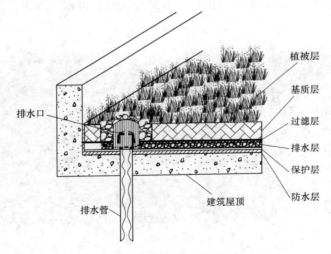

图3-4　绿色屋顶典型构造示意图

（1）保护层（根阻层）　保护层位于屋面结构层的上部，通常位于混凝土屋面或沥青屋面之上。植物的根系随着逐步地生长向土壤深处汲取水分、养料等，若无保护层的保护，植物的根系容易穿透防水层，对屋顶结构造成破坏。因此，保护层是建设绿色屋顶的基础。若屋顶发生渗漏，则结构层上的所有层均需清除，逐一排查，直到找到渗漏点。保护层通常有两种，即物理保护层和化学保护层。物理保护层主要由橡胶、LDPE（低密度聚乙烯）或HDPE（高密度聚乙烯）等组成；化学保护层主要是抑制植物根系生长的化学阻根剂。

（2）排水层　排水层可以防止植物根系淹水，同时迅速排出多余的水分，可与雨水排水管道相结合，将收集到的瞬时雨水排出，减轻其他层的压力。绿色屋顶类型的选择、气候条件和屋顶材料等是决定排水层类型的关键因素，常选用轻而薄的材料。通常，排水层的做法较为简单，主要由排水管、排水板、鹅卵石或天然砾石和膨胀页岩等铺设。

（3）过滤层　过滤层的目的是防止绿色屋顶土壤中的中、小型颗粒随着雨水流走，同时防止雨水排水管道堵塞。过滤层通常较轻，故材质可选取聚酯纤维无纺布，采用土工布进行铺设。

（4）蓄水层　蓄水层可以控制雨水的径流总量、蓄存适量雨水、维持屋顶植被的生长。由于屋顶结构荷载的限制，蓄水层的厚度与土壤的饱和度、种植植被的类型和屋顶材质等相关联。蓄水层安装在过滤层上部，主要由聚合纤维或矿棉组成。蓄水层的厚度可根据屋面荷载的不同来确定，以适应不同的屋面类型。

（5）基质层　基质层主要为植被供应营养物质、水分等，提供屋顶植物生活所必需的条件。同时，基质层应当具有一定的渗透性和空间稳定性，使得雨水可以及时排出，避免水淹，也为植被的生长提供比较有利的空间。基质层对屋面的影响最为突出，故需考虑定期的维护或更换屋面植被。种植基层通常选取浮石、炉渣、膨胀页岩等密度小、耐冲刷、孔隙率较高的天然或人工石材，通过与土壤的有机混合来达到土质优化的目的。基质层的厚度可根据屋面结构的类型来选取，通常简单屋顶的植被厚度可选取 2.5cm，复式屋顶的植被厚度可选取 20～120cm。

（6）植被层　植被层是屋面的一个标志，决定着屋面的美观及实用性。通常，要选取抗风能力较强、抗寒抗旱能力强、无须过多修剪的植物，具体可参考《种植屋面工程技术规程》。

### 3.1.1.3　绿色屋顶的设计

（1）绿色屋顶设计基本要求　绿色屋顶对屋顶荷载、防水、坡度、空间条件等有严格的要求。绿色屋顶在设计时应考虑以下几个方面：

① 绿色屋顶植物的选择　绿色植物的选择应考虑当地的气候条件、屋顶结构及类型、土壤条件等，宜选择根系较浅、抗旱抗寒、抵抗大风的植物，如八宝景天、小冠花、蒲公英、月季、肥皂草与常春藤等。

② 防水与排水　绿色屋顶的防水与排水，可在原有屋顶的基础上再做一道防水和排水，并将绿色屋顶的排水汇流至雨落管，随雨水立管排出。同时，绿色屋顶还需考虑植被基质层的蓄水能力，因此需要设置溢流口，当基质层达到饱和时，剩余的雨水可以通过溢流口排放，避免了植被的水淹。雨水的收集管可以通过卵石等覆盖或者在溢流口上设置过滤网，从而阻挡落叶及杂草等。

绿色屋顶必须达到《屋面工程技术规范》（GB 50345）建筑二级防水标准，重要建筑须达到一级防水标准。绿色屋顶应设计合理的排水系统，保证暴雨后 1h 内排水，在排水口应有过滤结构。

③ 屋面坡度及荷载　绿色屋顶适合于平屋顶或屋顶坡度≤15°的坡屋顶，平屋顶适用于花园式、组合式或草坪式屋顶绿化，坡屋顶适用于草坪式屋顶绿化。它的设计需考虑各个构造层的荷载及人为活动荷载、雨雪荷载等。设计过程中，绿色屋顶应选用较轻的屋面材料，同时要保证各构造层均符合要求，即屋面允许的负荷量应大于植被层的最大饱和度、植被层荷载及排水等负荷之和。绿色屋顶的坡度要严格按照相关技术要求确定，适宜的坡度可以达到排水流畅、调蓄效果好的作用。花园式和组合式屋顶绿化设计，其屋面荷载应≥4.50kN/m²（营业性屋顶花园≥6.0kN/m²）；草坪式屋顶绿化设计，其屋面荷载应≥2.5kN/m²。

（2）屋顶绿化指标　不同类型的屋顶绿化应有不同的设计内容，屋顶绿化要发挥绿化的生态效益，应有相宜的面积指标作保证。屋顶绿化指标可参见表 3-1 选取。

表 3-1 屋顶绿化参考指标

| | | |
|---|---|---|
| 花园式屋顶绿化 | 绿化屋顶面积占屋顶总面积 | ≥60% |
| | 绿化种植面积占绿化屋顶面积 | ≥85% |
| | 铺装园路面积占绿化屋顶面积 | ≤12% |
| | 园林小品面积占绿化屋顶面积 | ≤3% |
| 草坪及组合式屋顶绿化 | 绿化屋顶面积占屋顶总面积 | ≥80% |
| | 绿化种植面积占绿化屋顶面积 | ≥90% |

（3）种植设计与植物选择　以突出生态效益和景观效益为原则，根据不同植物对基质厚度的要求（表 3-2），通过适当的微地形处理或种植池栽植进行绿化。植物配置以复层结构为主，由小型乔木、灌木和草坪、地被植物组成。本地常用和引种成功的植物应占绿化植物的 80% 以上。

表 3-2 屋顶绿化植物及基质厚度要求

| 植物类型 | 规格/m | 基质厚度/cm |
|---|---|---|
| 小型乔木 | $H=2.0\sim2.5$ | ≥60 |
| 大灌木 | $H=1.5\sim2.0$ | 50~60 |
| 小灌木 | $H=1.0\sim1.5$ | 30~50 |
| 草本、地被植物 | $H=0.2\sim1.0$ | 10~30 |

（4）屋顶绿化相关材料荷重　植物材料平均荷重和种植荷载参考值见表 3-3，其他相关材料密度参考值见表 3-4。

表 3-3 植物材料平均荷重和种植荷载参考值

| 植物类型 | 规格 | 植物平均荷重/kg | 种植荷载/(kg/m²) |
|---|---|---|---|
| 乔木（带土球） | $H=2.0\sim2.5m$ | 80~120 | 250~300 |
| 大灌木 | $H=1.5\sim2.0m$ | 60~80 | 150~250 |
| 小灌木 | $H=1.0\sim1.5m$ | 30~60 | 100~150 |
| 地被植物 | $H=0.2\sim1.0m$ | 15~30 | 50~100 |
| 草坪 | $1m^2$ | 10~15 | 50~100 |

注：选择植物应考虑植物生长产生的活荷载变化。种植荷载包括种植区构造层自然状态下的整体荷载。

表 3-4 其他相关材料密度参考值

| 材　料 | 密度/(kg/m³) | 材　料 | 密度/(kg/m³) |
|---|---|---|---|
| 混凝土 | 2500 | 青石板 | 2500 |
| 水泥砂浆 | 2350 | 木质材料 | 1200 |
| 河卵石 | 1700 | 钢质材料 | 7800 |
| 豆石 | 1800 | | |

### 3.1.1.4　绿色屋顶施工

简单式屋顶绿化施工流程如图 3-5 所示。

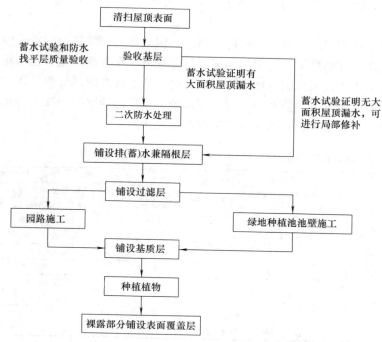

图 3-5　简单式屋顶绿化施工流程

## 3.1.2　透水铺装

作为一种典型的 BMPS 技术，透水铺装地面持久的入渗能力使其具备良好的滞蓄雨水作用，而透水铺装地面对初期雨水径流中污染物的净化也起到分散化处理污水、减轻城镇污水厂的冲击负荷的功效。通过铺装透水砖或透水沥青、透水混凝土等材料，促进降落到地面上的雨水下渗，透水铺装地面系统可实现暴雨径流的就地削减和分散处理，减轻城市内涝风险并消纳雨水径流污染。此外，下渗处理后的雨水也可补给城市水源并缓解城市热岛效应，从而获得全面的生态环境与社会效益。

### 3.1.2.1　透水铺装地面的结构

透水铺装地面的典型结构如图 3-6 所示，一般由面层、找平层、基层和土基组成。透水性铺装材料主要有五种，即透水沥青、透水混凝土、透水地砖、沙砾网格和嵌草网格。为缓

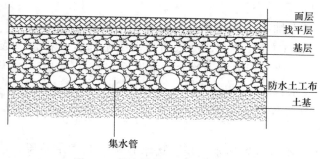

图 3-6　透水铺装地面的典型结构

解城镇水资源紧缺的现状，也有不少系统在基层底部安装集水管，收集渗滤后的雨水进行回用。

透水铺装地面的面层应具有良好的透水性能，同时作为市政建设的重要组成部分，也应该具有良好的抗压、抗剪性能。常用的面层材料有现浇透水性混凝土和透水路面砖。其中透水路面砖包括缝隙透水路面砖和自透水路面砖。前者依靠砖之间的缝隙透水，即普通的路面砖；后者自身具有供雨水下渗的孔洞，即现在市场上常见的透水砖。现浇透水性混凝土和自透水砖的原材料、制作加工、技术指标和适用范围见表3-5。

**表 3-5** 常用透水面层的原材料、制作加工、技术指标和适用范围

| 分类 | | 现浇透水性混凝土 | | 自透水砖 | |
| --- | --- | --- | --- | --- | --- |
| | | 透水水泥混凝土 | 透水沥青混凝土 | 混凝土透水砖 | 烧结透水砖 |
| 制作原料 | 骨料 | 连续升级配集料 | 单级配集料 | 连续升级配集料 | 无机非金属料 |
| | 胶凝材料 | 水泥、增强剂 | 沥青 | 水泥、增强剂 | |
| | 加工工艺 | 混合—搅拌—加压 | 混合—搅拌—加压 | 混合—搅拌—成型 | 成型—烧制 |
| 技术性能 | 孔隙率/% | 10～25 | 10～25 | 15～20 | 15～20 |
| | 抗压强度/MPa | 15～30 | 15～30 | 25～35 | 25～35 |
| | 抗折强度/MPa | 3.0～5.0 | 3.0～5.0 | 4.5～6.0 | 4.5～6.0 |
| | 透水系数/(mm/s) | 1.0～10.0 | 1.0～10.0 | 1.0～15.0 | 1.0～15.0 |
| | 适用性 | 耐高温、耐潮、强度相对沥青略差 | 强度高、不耐高温、潮湿、造价高 | 强度高 | 耐磨 |
| | | | | 造价较现浇路面高 | |

透水铺装地面的面层和基层之间一般用粗砂或中砂铺设找平层，起到平托面层、黏结面层与基层以及保证雨水下渗的作用。原则上找平层的透水系数不小于面层。

透水铺装地面的基层应该具有良好的透水和储水性能，从而起到储存降雨、缓解洪峰的作用。使用的材料多为单级配或连续升级配的砾石、煤矸石和石灰石等材料，以增大孔隙率取得良好的储水性和透水性。如需收集渗滤后的雨水，需要在基层底部安装管道（一般为穿孔管）。为防止管道堵塞，需要在基层底部用细砂铺设过滤层，将集水管道埋设其中。基层与土基之间根据情况铺设合适的土工膜。若透水地面的目的是用下渗雨水补给地下水源，应在土基和基层之间铺设透水的土工膜；若雨水经过透水基层的净化，水质尚且不能满足回灌补给的要求反而容易引起污染时或渗滤后的雨水拟用于回收利用时，应铺设不透水土工膜。无收集措施的透水铺装地面的系统，为将收集的雨水较快地排出路基以保证路面的承载力，透水铺装地面的土基应使用含沙量较大的土壤。有研究表明，要保持垫层土基较高的渗透性，同时满足承载力要求，土基最小含沙量为62.5%，如果不能达到这一要求，可以用换土、加大基层储水空间等方式解决。

### 3.1.2.2 透水铺装设计

（1）基本要求 透水铺装结构按照面层材料不同遵循一定的要求，透水砖铺装应符合《透水砖路面技术规程》（CJJ/T 188），透水沥青混凝土铺装应符合《透水沥青路面技术规程》（CJJ/T 190）和《透水水泥混凝土路面技术规程》（CJJ/T 135）的规定。除此以外，透水铺装还应满足以下要求：

① 透水铺装宜首选环保型生态透水整体铺装，对道路路基强度和稳定性有潜在风险时可采用半透水铺装结构。

② 透水路面自上而下宜设置透水面层、透水找平层和透水基层，透水找平层及透水基层的渗透系数应大于面层。

③ 土地透水能力有限时，应在透水铺装的透水基层内设置排水管或排水板。

④ 当透水铺装设置在地下室顶板上时，顶板覆土厚度不应小于 600mm，并应设置排水层。地下室顶板采用反梁结构或坡度不足时，应加大反梁间贯通盲沟的预留孔洞，截面积应不小于 100cm²，并采取防堵塞措施。局部排蓄水的盲沟截面积应不小于 300cm²。

⑤ 当透水铺装设置在使用频率较高的商业停车场、汽车回收及维修点、加油站及码头等径流污染严重的区域时，应采取必要的设施防止地下水污染的发生。

透水砖铺装和透水水泥混凝土铺装典型结构如图 3-7、图 3-8 所示。

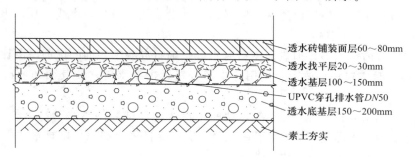

透水砖铺装面层60～80mm
透水找平层20～30mm
透水基层100～150mm
UPVC穿孔排水管DN50
透水底基层150～200mm
素土夯实

图 3-7　透水砖铺装典型结构

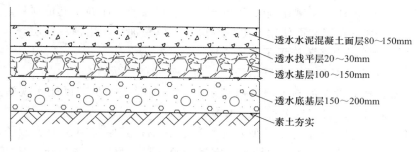

透水水泥混凝土面层80～150mm
透水找平层20～30mm
透水基层100～150mm
透水底基层150～200mm
素土夯实

图 3-8　透水水泥混凝土铺装典型结构

（2）适用性　透水砖铺装和透水水泥混凝土铺装主要适用于广场、停车场、人行道以及车流量和荷载较小的道路，如建筑与小区道路、市政道路的非机动车道等。透水沥青混凝土路面还可用于机动车道。透水铺装应用于以下区域时，还应采取必要的措施防止次生灾害或地下水污染的发生：

① 可能造成陡坡坍塌、滑坡灾害的区域，湿陷性黄土、膨胀土和高含盐土等特殊土壤地质区域。

② 使用频率较高的商业停车场、汽车回收及维修点、加油站及码头等径流污染严重的区域。

### 3.1.2.3　透水铺装施工

**（1）透水砖铺装施工工艺**

① 施工准备　施工准备包括熟悉图纸、基层清理和机具准备等几个方面。

a. 熟悉图纸：熟悉了解各部位尺寸和铺装位置，掌握施工技术要点。

b. 基层清理：将地面基层上的杂物清除干净。

c. 机具准备：检查校正测量设备和工具，备齐切割机、瓦刀铁抹子、水桶、橡皮锤等工具。

② 测量放样及冲筋　按照设计轴线，划分 6m×6m 的方格网，使用全站仪将方格网精确投射于基层上，并使用墨斗弹线。根据现场弹好的线，按图纸要求在方格网四角位置铺装一块透水砖，然后冲筋。

③ 基层及黏结层　施工前，将基层清理干净，洒水润湿，但不得有明水，应使基层平整、洁净、湿润。黏结层采用细石混凝土，按设计配合比均匀拌和，搅拌前需要用水冲洗石屑，除去石屑中的石灰粉。细石混凝土浆液不可过多，也不得过干没有和易性。

④ 透水砖铺装　铺设时在方格网已定好的四角挂线，并每米一道，铺设方格网四周的透水砖。四周透水砖铺设后，以透水砖的横向为铺设放线，每米一道线，挂在纵向透水砖位置，分仓铺设。

透水砖在铺装前需润湿，但表面不得有水分。细石混凝土摊铺的虚铺厚度比设计要求高 $0.5\sim1cm$，铺设时应轻轻平放，直接用橡皮锤轻轻锤击透水砖，使其两角与砖缝对齐，面层与挂线平。

铺装 24h 后洒水养护，养护 $2\sim3d$，期间不得扰动已铺装的透水砖。撒细、中砂扫缝，扫缝砂必须是干砂，含泥量在 1% 以下。需要多次扫缝，每次扫完后随即洒水，确保使砂能灌满缝隙，直到洒水后砂子不再下沉为止。

⑤ 成品保护　铺装完活后 $2\sim3d$ 内，禁止人员及施工机械车辆在铺装面上行走和行驶；铺装扫缝完活后，禁止任何车辆在铺装面上行驶；禁止在铺装面施工其他项目，如切割、拌和砂浆、电焊等；禁止在铺装面使用发电机等机器，以免油污污染铺装面层。

**（2）透水沥青混凝土铺装施工工艺**

① 施工前的准备　施工前应做好组织、物质、技术等三大准备。

a. 组织准备：建立健全的施工项目组织机构，合理配置人员，以能实现施工项目所要求的工作任务为原则，力求一专多用、一人多职。

b. 物质准备：透水混凝土施工类似水泥混凝土施工，其原料中仅少了砂子，而一定粒度的高料碎石替代了骨料，在施工中辅有一定量的胶结料。物质准备包括人员的住宿，所需的水、电供应，工程材料堆放工棚（胶结料需要有防水措施的工棚）搭建，搅拌机械的设置场地等一系列的准备工作。

c. 技术准备：了解和分析工程项目特点、进度要求和施工的客观条件，根据设计要求，熟悉设计图纸，合理布置施工力量，制定出施工方案，为工程顺利完成做好技术上的准备工作。配合做基础方的土建队，在做地面基层的同时进行专用透水管道的铺设，透水管道除按图纸要求铺设外，必须与原道路排水系统相连接，成为道路排水系统的一部分。

② 施工

a. 立模：施工人员首先须按设计要求进行分隔立模及区域立模工作，立模中须注意高度、垂直度、泛水坡度等问题。

b. 搅拌：根据工程量的大小，配置不同容量的机械搅拌器。机械搅拌器的一定范围内的地面处，应设置防止水和物料散落的接料设备（如方形板式斗类），保护施工环境的卫生，减少施工后的清理工作。透水混凝土不能采用人工搅拌，应采用搅拌机械进行搅拌，搅拌时按物料的规定比例及投料顺序将物料投入搅拌机，先将胶结料和碎石搅拌约 30s 后，使其初步混合，再将规定量的水分 $2\sim3$ 次加入继续进行搅拌约 $1.5\sim2min$。视搅拌均匀程度，可适当延长机械搅拌的时间，但不宜过长时间地搅拌。

c. 运输：透水混凝土属干性混凝土料，其初凝快，一般根据气候条件控制混合物的运输时间，运输一般控制在 10min 以内，运输过程中不要停留，手推车必须平稳。

d. 摊铺、浇筑成型：透水混凝土属干性混凝土料，初凝快，摊铺必须及时。对于人行道大面积施工采用分块隔仓方式进行摊铺物料，其松铺系数为 1.1。将混合物均匀摊铺在工作面上，用括尺找准平整度和控制一定的泛水度，然后用平板振动器（厚度厚的用平板振动器）或人工捣实，最后抹合拍平。

e. 养生：透水混凝土与水泥混凝土属性类似，铺摊结束后应检验标高、平整度。当气温较高时，为减少水分的蒸发，宜立即覆盖塑料薄膜以保持水分。也可洒水养生，使其在养护期内强度逐渐提高。洒水养生时，透水混凝土在浇注后 1d 开始洒水养护，高温时在 8h 后开始养护，淋水时不宜用压力水直接冲淋混凝土表面，应直接从上往下淋水，透水混凝土湿养时间不少于 7d。养生时间应根据施工温度而定，一般养生期为 14～21d，高温时不少于 14d，低温时不少于 21d。5℃以下施工时，养生期不少于 28d。

f. 涂覆透明封闭剂：待表面混凝土成型干燥后 3d 左右，涂刷透明封闭剂，增强耐久性和美观性，防止时间过久使透水混凝土孔隙受污而堵塞孔隙。

## 3.1.3　生态植草沟

### 3.1.3.1　生态植草沟形式

目前应用较为广泛的生态植草沟包括干草沟和湿草沟两种。干草沟通过雨水下渗来控制水质水量，如图 3-9 所示。湿草沟利用雨水停留时间来减少洪峰排量，如图 3-10 所示。

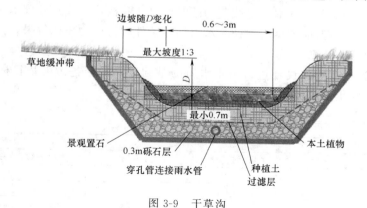

图 3-9　干草沟

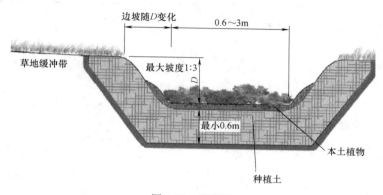

图 3-10　湿草沟

浅沟断面形式宜采用倒抛物线形、三角形或梯形；植草沟的边坡坡度（垂直∶水平）不宜大于 1∶3，纵坡不应大于 4%，纵坡较大时宜设置为阶梯形植草沟或在中途设置消能台坎。植草沟最大流速应小于 0.8m/s，曼宁系数宜为 0.2～0.3，转输型植草沟内植被高度宜控制在 100～200mm。

### 3.1.3.2 植草沟的设计

干草沟和湿草沟都可应用于乡村和城市化地区。由于植草沟边坡较小，占用土地面积较大，因此一般不适用于高密度区域。在径流量小及人口密度较低的居住区、工业区或商业区，可以代替路边的排水沟或雨水管道系统。干草沟最适用于居住区，通过定期割草可有效保持植草沟干燥。湿草沟一般用于高速公路的排水系统，也用于过滤来自小型停车场或屋顶的雨水径流，由于其土壤层在较长时间内保持潮湿状态，可能产生异味及蚊蝇等卫生问题，因此不适用于居住区。

植草沟设计的根本目的均在于排水，并以植草的方法降解面源污染，设计做法主要基于污染控制的角度考虑。此外，设计过程中有一些设计参数要满足一些特定的条件，这些参数包括曼宁系数、植草沟纵向坡度和断面边坡坡度、植草沟草的高度、最大有效水深及断面高度、水力停留时间、最大径流流速、植草沟底宽、植草沟的长度等。一般的设计步骤包括：

① 植草沟平面及高程的布置；

② 植草沟设计流量确定；

③ 植草沟水力计算；

④ 植草沟设计要素校核。

经过步骤②～④就可以基本确定植草沟的断面尺寸和构造。在此基础上进一步对植草沟进行平面和高程布置，保证植草沟的径流水力临界条件和污染物净化效果。

### 3.1.3.3 植草沟设计计算

（1）规模计算 在给定设计进、出水水质的基础上，根据各污染物目标去除率，按表 3-6 可查得植草沟与集水区面积比 $R$。

**表 3-6** 各污染物目标去除率与 $R$ 的对应关系

| TSS | | TP | | TN | |
|---|---|---|---|---|---|
| 目标去除率/% | $R$/% | 目标去除率/% | $R$/% | 目标去除率/% | $R$/% |
| 87 | 0.5 | 60 | 0.5 | 10 | 0.5 |
| 90 | 1 | 63 | 1 | 12 | 1 |
| 92 | 1.5 | 66 | 1.5 | 15 | 1.5 |
| 94 | 2 | 68 | 2 | 17 | 2 |

植草沟面积可按式（3-1）计算：

$$a = R_x A \tag{3-1}$$

式中 $a$——植草沟面积，$m^2$；

$R_x$——控制性目标污染物去除率所对应的 $R$ 值，%；

$A$——集水区面积，$m^2$。

（2）流量确定 在给定重现期下的暴雨强度可按式（3-2）计算：

$$q = \frac{167A_1(1+C\lg P)}{(t+b)^n} \tag{3-2}$$

式中　　　　　$q$——暴雨强度，$L/(s \cdot hm^2)$，下同；

　　　　　　　$P$——降雨重现期，a，应取 $2\sim10a$ 进行设计、$50\sim100a$ 进行校核；

　　　　　　　$t$——降雨历时，min，包括地面集水时间 $t_1$（10min）和雨水流行时间 $t_2$，$t_2$ 根据实际情况通过计算确定；

$A_1$、$C$、$b$、$n$——地方参数，根据统计方法进行计算确定。

设计流量及校核流量可按式（3-3）计算，将各自重现期下的暴雨强度分别代入即可。

$$Q = \alpha q A \times 10^{-7} \tag{3-3}$$

式中　$Q$——设计流量，$m^3/s$；

　　　$\alpha$——综合径流系数［集水区综合径流系数的计算按各地块渗透性质进行面积加权，具体参照《室外排水设计规范》（GB 50014）和《雨水控制与利用工程设计规范》（DB 11/685）］；

　　　$q$——暴雨强度，$L/(s \cdot hm^2)$；

　　　$A$——集水区总面积，$m^2$。

（3）纵坡和边坡设计　植草沟纵坡坡度不应大于 4%，纵坡较大时宜设置为阶梯型植草沟或在中途设置消能台坎。

植草沟宽度的确定应遵循如下原则：保证处理效果；实现转输目标；满足景观要求；便于维护管理；保障公众安全。受场地因素限制，植草沟的宽度一般根据城市建设预留地的范围来确定。边坡系数取值宜处于 $0.1\sim0.25$ 之间。

道路两侧的植草沟边坡系数通常会受十字路口影响。在不经过交叉路口时，边坡系数的取值主要考虑维护管理和公众安全。在交叉路口处，若路面高度高于植草沟边缘高度，边坡系数通常应在 $1/6\sim1/4$ 之间取值，此时应在路面以下预留排水管道。若路面与植草沟边缘在同一高程，边坡系数应取 1/9。植草沟高程的选择应由城市规划和景观设计者共同决定，在设计过程中也应参考当地公路配套设施设计规范和标准图集。

（4）断面尺寸计算　在确定长、宽、边坡和纵坡系数的基础上，过水断面取水力最优断面，利用曼宁公式并结合具体断面形式求得植草沟断面尺寸，其设计流量可按式（3-4）计算：

$$Q = \frac{A_1 R^{2/3} S^{1/2}}{n} \tag{3-4}$$

式中　$Q$——设计流量，$m^3/s$；

　　　$A_1$——过水断面面积，$m^2$；

　　　$R$——水力半径，m；

　　　$S$——渠底坡度；

　　　$n$——曼宁系数，一般取 $0.02\sim0.1$。

（5）进水系统设计

① 地表漫流进水系统　地表漫流进水指的是雨水通过路缘与植草沟的高程差自然流入或通过路缘石开口流入植草沟的方式，一般需考虑在进水口设置消能设施，减少对植草沟的冲刷作用。这种进水系统的优点是雨水能最大限度地与植物接触，起到良好缓冲作用，具有出色的预处理效果，相应地其转输能力相对较弱。

路缘石开口宽度的计算采用宽顶堰公式，单口设计流量可按式（3-5）计算：

$$Q = C_w L h^{3/2} \tag{3-5}$$

式中　　$Q$——单个开口设计流量，$\mathrm{m^3/s}$；

$\quad\quad C_w$——流量系数，取 1.66；

$\quad\quad L$——堰宽，即路缘石开口宽度，m；

$\quad\quad h$——堰上水深，即开口处径流深度，m。

② 单点溢流进水系统　　单点溢流进水是指雨水通过雨水口收集并经过溢流口进入植草沟的方式。当采用单点溢流进水时需计算溢流口（进水口）尺寸，其尺寸在设计时需分别按照自由出流和淹没出流计算，然后取二者中较大的值。自由出流按照宽顶堰流量公式（3-6）计算，淹没出流按照孔口出流公式（3-7）计算。由于格栅的阻滞作用，导致进水口过流能力有所降低，在计算中引入阻滞因子 $B$，一般取 0.5。

$$Q_堰 = BC_w L h^{3/2} \tag{3-6}$$

式中　　$Q_堰$——设计流量，$\mathrm{m^3/s}$；

$\quad\quad B$——阻滞因子，取 0.5；

$\quad\quad C_w$——流量系数，取 1.66；

$\quad\quad L$——堰宽（溢流口呈矩形时即为其周长），m；

$\quad\quad h$——堰上水深，设计时取植草沟最大水深（即竖向深度），m。

$$Q_孔 = BC_d A (2gh)^{1/2} \tag{3-7}$$

式中　　$Q_孔$——设计流量，$\mathrm{m^3/s}$；

$\quad\quad B$——阻滞因子，取 0.5；

$\quad\quad C_d$——流量系数，取 0.6；

$\quad\quad A$——孔口面积，$\mathrm{m^2}$；

$\quad\quad g$——重力加速度，取 $9.80\mathrm{m/s^2}$；

$\quad\quad h$——水面与孔口中心的高度差，m。

（6）设计校核

① 流速校核　　植草沟水流流速应满足：短重现期（2～10 年）降雨事件发生时，流速不应超过 0.5m/s；大重现期（50～100 年）降雨事件发生时，流速不应超过 1.0m/s，最大不得超过 2.0m/s。

② 安全校核　　考虑到植草沟的开放性所带来的安全隐患，需要对其进行安全校核，一般用植草沟的深度与流速之积来评估安全性。在道路两侧人行道旁的植草沟应满足：

a. 在大重现期降雨事件发生时，沟内水流深度与流速之积小于 $0.4\mathrm{m^2/s}$；

b. 边缘与路面等高的植草沟在交叉路口处水深不超过 0.3m。

③ 处理能力校核　　在植草沟断面尺寸及纵坡等参数确定的情况下，比较按照断面尺寸和长度求得的植草沟面积 $a_1$ 与式（3-1）中求得的 $a$。若 $a_1 < a$，则处理能力满足需求，反之需根据实际做出调整。

（7）植物配置　　转输型植草沟主要是起到收集、转输雨水径流的作用，植物配置应优先考虑设施的功能性。转输型植草沟应选择满铺草坪，最大限度地实现雨水径流的转输。

渗透型植草沟有渗透、滞蓄、净化雨水径流的作用，植物配置应遵循以下原则：

① 应兼顾设施功能和景观效果相结合，营造三季有花、四季有景的效果；

② 选择乡土树种为主的植物，提高植物成活率；

③ 选择具有耐水湿、耐涝、耐旱等生长习性的植物；

④ 选择吸收能力强、对径流污染物有一定净化效果的植物，特别是氮、磷的去除；

⑤ 选择有观赏性、满足景观效果的植物。

### 3.1.4　雨水花园

雨水花园一般建在较周围地势更低的地区，在旱季时为自然绿地，与周围植被绿地融为一体，在雨季时可以储存雨水，形成水面。雨水花园内部积攒的雨水经过植物和土壤的过滤得到净化，然后慢慢回灌至地下，补充地下水。雨水花园也可以与水池合建，将过滤后的雨水存储至雨水储存池，便于回用。

#### 3.1.4.1　雨水花园构造设计

雨水花园主要由蓄水层、覆盖层、种植土层、人工填料层和砾石层等五部分组成，如图 3-11 所示。其中，在填料层和砾石层之间可以铺设一层砂层或土工布。根据雨水花园与周边建筑物的距离和环境条件可以采用防渗或不防渗两种做法。当有回用要求或要排入水体时还可以在砾石层中埋置集水穿孔管。

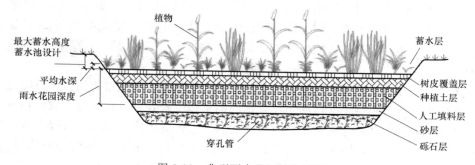

图 3-11　典型雨水花园结构示意

（1）蓄水层　为暴雨提供暂时的储存空间，使部分沉淀物在此层沉淀，进而促使附着在沉淀物上的有机物和金属离子得以去除。其高度根据周边地形和当地降雨特性等因素而定，一般多为 100～250mm。

（2）覆盖层　一般采用树皮进行覆盖，对雨水花园起着十分重要的作用，可以保持土壤的湿度，避免表层土壤板结而造成渗透性能降低。在树皮土壤界面上营造了一个微生物环境，有利于微生物的生长和有机物的降解，同时还有助于减少径流雨水的侵蚀。其最大深度一般为 50～80mm。

（3）种植土层　种植土层为植物根系吸附以及微生物降解烃类、金属离子、营养物和其他污染物提供了一个很好的场所，有较好的过滤和吸附作用。一般选用渗透系数较大的砂质土壤，其主要成分中砂子含量为 60%～85%，有机成分含量为 5%～10%，黏土含量不超过 5%。种植土层厚度根据植物类型而定，当采用草本植物时一般厚度为 250mm 左右。种植在雨水花园的植物应是多年生的、可短时间耐水涝的植物。

（4）人工填料层　多选用渗透性较强的天然或人工材料，其厚度应根据当地的降雨特性、雨水花园的服务面积等确定，多为 0.5～1.2m。当选用砂质土壤时，其主要成分与种植土层一致。当选用炉渣或砾石时，其渗透系数一般不小于 $10^{-5}$ m/s。

（5）砾石层　由直径不超过 50mm 的砾石组成，厚度为 200～300mm。在其中可埋置直径为 100mm 的穿孔管，经过渗滤的雨水由穿孔管收集进入邻近的河流或其他排放系统。通常在填料层和砾石层之间铺一层土工布是为了防止土壤等颗粒物进入砾石层，但是这样容易引起土工布的堵塞。也可在人工填料层和砾石层之间铺设一层150mm厚的砂层，防止土壤颗粒堵塞穿孔管，还能起到通风的作用。

#### 3.1.4.2 雨水花园的植物选择与配置

（1）优先选用本土植物，适当搭配外来物种　本土植物对当地的气候条件、土壤条件和周边环境有很好的适应能力，在人为建造的雨水花园中能发挥很好的去污能力，并使花园景观具有极强的地方特色。雨水花园一般挑选耐水、耐湿性好且植物植株造型优美的乔木作为常用植物，便于塑造景观和管理维护，如湿地松、水杉、落羽杉、池杉、垂柳等。

（2）选用根系发达、茎叶繁茂、净化能力强的植物　植物对雨水中污染物质的降解和去除机制主要有三个方面：一是通过光合作用，吸收利用氮、磷等物质；二是通过根系将氧气传输到基质中，在根系周边形成有氧区和缺氧区穿插存在的微处理单元，使得好氧、缺氧和厌氧微生物各得其所；三是植物根系对污染物质特别是重金属的拦截和吸附作用。根系发达、茎叶繁茂、净化能力强的典型植物有芦苇、芦竹、香蒲、细叶沙草、香根草等。

（3）选用既可耐涝又有一定抗旱能力的植物　因雨水花园中的水量与降雨变化息息相关，存在干湿交替出现的现象，因此种植的植物既要适应水生环境又要有一定的抗旱能力。根系发达、生长快速、茎叶肥大的植物能更好地发挥功能，如马蹄金、斑叶芒、细叶芒、蒲苇、旱伞草等。

（4）选择可相互搭配种植的植物，提高去污性和观赏性　不同植物的合理搭配可提高对水体的净化能力。可将根系泌氧性强与泌氧性弱的植物混合栽种，构成复合式植物床，创造出有氧微区和缺氧微区共同存在的环境，从而有利于总氮的去除；也可将常绿草本与落叶草本混合种植，提高花园在冬季的净水能力；还可将草本植物与木本植物搭配种植，提高植物群落的结构层次性和观赏性。可选植物如灯芯草、水芹、凤眼莲、睡莲等。

（5）多利用香花植物、芳香植物　这类植物有助于吸引蜜蜂、蝴蝶等昆虫，创造更加良好的景观效果，如美人蕉、姜花、慈菇、黄菖蒲等。

## 3.1.5　下沉式绿地

### 3.1.5.1　下沉式绿地的基本设计形式

（1）简易型下沉式绿地　如图3-12所示，这种模式适用于常年降雨量较小，不需要精心养护的普通绿化区域，绿地与周边场地的高差在10cm以下；底下不设排水结构层，出现较大降雨时绿地的排水以溢流为主，一般雨水通过补渗地下水的方式消化，不考虑雨水的回收利用；可以少量接纳周边雨水，以利于减少浇灌频率。

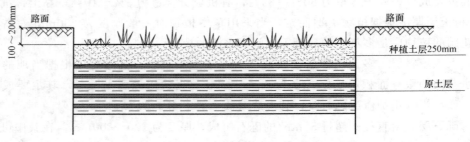

图3-12　简易型下沉式绿地

（2）典型设有排水系统的下沉式绿地　如图 3-13 所示，标准的下沉式绿地的典型结构为绿地高程低于周围硬化地面高程 15～30cm 左右，雨水溢流口设置在绿地中或绿地和硬化地面交界处，雨水口高程高于绿地高程且低于硬化地面高程，溢流雨水口的数量和布置应按汇水面积所产生的流量确定，溢流雨水口间距宜为 25～50m，雨水口周边 1m 范围内宜种植耐旱耐涝的草皮。出现较大降雨时，雨水通过排水沟、沉砂池溢流至雨水管道，避免绿地中雨水出现外溢。这种方式适用于较大面积的绿地，常年降雨量大、暴雨频率高的地区，在雨水控制区根据蓄水量承担一定的外围雨水。

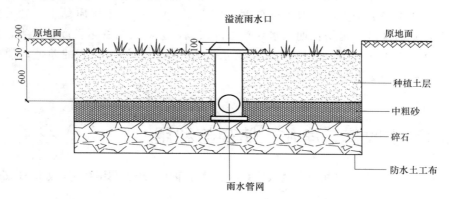

图 3-13　典型设有排水系统的下沉式绿地

（3）兼顾雨水收集和再利用的下沉式绿地　对于那些全年降雨充沛且具有明显的周期性特征、存在旱季的场地或者全年平均降雨量 400～800mm 的半湿润气候地区，其海绵城市的设计目标均应该强调雨水的收集再利用，作为居住区中具有天然储水、渗水功能的绿地也被纳为雨水收集和处理设施的一部分，在绿地区域同时设计渗水管、集管、蓄水池、泵站和回灌设施，绿地及周边雨水排入绿地，通过绿地的过滤和净化，进入渗水管、集管、蓄水池，多余的雨水溢流进入市政雨水管道，收集后的雨水可以用于绿地的养护和周边道路的喷洒等，可降低后期的维护管理费用。兼顾雨水收集和再利用的下沉式绿地如图 3-14 所示。

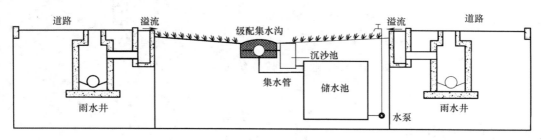

图 3-14　兼顾雨水收集和再利用的下沉式绿地

### 3.1.5.2　下沉式绿地建设的基本要求

下沉式绿地可广泛应用于城市建筑与小区、道路、绿地和广场内。一般应满足以下要求：

① 下凹深度应根据植物耐淹性能和土壤渗透性能确定，一般为 100～200mm。

② 下沉式绿地内一般应设置溢流口，以保证暴雨时径流的溢流排放，溢流口顶部标高一般应高于绿地 50～100mm。

③ 对于径流污染严重、设施底部渗透面距离季节性最高地下水位或岩石层小于 1m 及距离建筑物基础小于 3m（水平距离）的区域，应采取必要的措施防止次生灾害的发生。

④ 为确保雨水能够进入下沉式绿地内，并保证行人和行车的安全，需合理设计下沉式绿地与周围铺装以及雨水口的竖向衔接方式。

⑤ 应合理设计植物淹水时间。土壤渗透性较差的地区可以通过添加炉渣等措施增大土壤渗透能力，缩短下沉式绿地中植物的淹水时间。对于壤质砂土、壤土、砂质壤土等渗透性能较好的地区，可将绿地下沉深度适当增加到 15～30cm 甚至更大。但是随着绿地下沉深度的增加，建设成本也会加大，一般下沉深度不宜大于 50cm。对于壤质黏土、砂质黏土、黏土等渗透性较差的地区，植物长期淹水导致根部缺氧，会对植物的生长产生危害，因此绿地下沉深度不宜大于 10cm，也可以适当缩小雨水溢流口高程与绿地高程的差值，使得下沉绿地集蓄的雨水能够在 24h 内完全下渗。

## 3.2　雨污水收集、净化、储存与利用

一般而言，雨水收集与利用可分为收集系统、储存净化系统、利用系统，如图 3-15 所示。

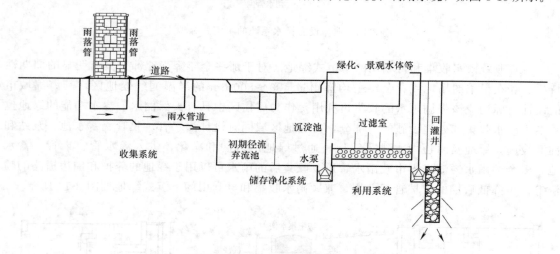

图 3-15　雨水收集与利用系统基本构成示意图

### 3.2.1　城市雨水收集

（1）屋面雨水收集　屋面雨水一般占城区雨水资源量的 65％左右，是城区雨水利用的主要对象。屋面雨水由于易收集、受污染程度小，水质较好，稍加处理或不经处理即可直接用于冲洗厕所、浇灌绿地或用作水景，也可直接进入渗透管沟或通过土壤经初步渗透后再进入渗透管系。屋面雨水收集的典型方式为：屋面雨水经雨水立管进入初期弃流装置，通过初期弃流装置处理后将初期较脏的雨水排至小区污水管道，进入城市污水处理厂处理后排放。经过初期弃流的雨水经独立设置的雨水管道流入储水池，雨水在池中经过过滤、沉淀、再过滤、消毒处理后，出水进入专为冲洗用水、洗涤用水和庭院浇灌用水设置的管网，用于家

庭、公共和工业等非饮用水方面。

（2）地面雨水收集　地面雨水收集系统分为硬质地面雨水收集、绿地地面雨水收集，主要是通过对道路、广场、绿地等雨水自然过滤后收集，储存于收集容器（池），根据其最终用途选用相应的水处理工艺，经相应的水处理设备处理后回用。地面的雨水杂质多，污染物源复杂，在弃流和粗略过滤后，还必须进行沉淀等处理才能排入蓄水系统。

① 硬质地面雨水收集　硬质地面雨水的收集主要是指对广场、人行道、步行街、自行车道等非机动车道路面的径流雨水的收集，主要是通过雨水口收集雨水或透水铺装收集雨水，然后通过雨水管道收集于收集容器。

② 绿地地面雨水收集　绿地地面雨水的收集主要通过绿地及生态水沟对雨水进行自然过滤后，收集于收集容器或景观水体、湖泊等直接利用。典型的绿地地面雨水收集方式主要是利用下凹式绿地或植草沟等形式收集场地中的径流雨水，当雨水进入下凹式绿地流过植草沟时，污染物在植物和基质的过滤、渗透吸收及生物降解联合作用下被去除，植被同时也降低了雨水流速，使颗粒物得到沉淀，达到控制雨水径流水质的目的。

（3）道路雨水收集　将路面的雨水汇入绿化带内，既可满足植物的用水需求，也可以净化雨水，多余的水量直接下渗入地下还可补充地下水。一般的做法是将道路两侧的绿化和雨水收集口相结合，通过绿化过滤道路径流实现雨水收集。

## 3.2.2　截污治污及雨污分流

### 3.2.2.1　城市合流制排水溢流控制

溢流污染控制措施可分为源头控制、管路控制、存蓄调节以及末端治理四类。

（1）源头控制　源头控制是从水质、水量两个方面来减少进入合流管道系统的径流量。通过源头控制措施可减少进入管道系统的径流总量、峰流量、污染负荷，从而减小下游处理构筑物所需规模。对溢流污染的控制有利的径流源头控制措施主要有铺装渗透性地面、增加雨水就地渗透设施、加强固体废物管理、清扫街道、清洁雨水口、控制土壤流失等。

（2）管路控制　截流倍数是溢流污染控制系统的一个重要参数，适当提高截流倍数的确可以将更多的合流污水截流到污水处理厂，减少溢流口的溢流量，但是当截流能力超过下游污水处理厂处理能力时，大量截流的合流污水会从污水处理厂前直接溢流进入受纳水体。因此，应当根据污水处理厂的能力和技术经济分析，确定合理的截流倍数。目前，在选取截流倍数时考虑的因素包括受纳水体的水质要求和受纳水体的纳污能力。从控制径流污染负荷出发，为使水体少受污染，应采用较大的截流倍数。

（3）存蓄调节与末端治理　存蓄调节与末端治理主要是指采用修建调蓄池或调蓄隧道的方式，雨天将溢流部分先储存，然后送至污水处理厂进行处理或原位处理消纳。

### 3.2.2.2　城市雨污分流

雨污分流是指将雨水和污水分开，各用一条管道输送，进行排放或后续处理的排污方式。雨污分流制排水系统将雨水分开后，污水管网主要输送的是生活污水，这样可以减少污水处理厂的设计水量，降低污水处理厂处理规模，达到减少投资的目的。同时，在降雨期间，雨水不再进入污水管网，有利于降低污水处理厂的瞬时水量，避免因雨水进入污水管网而引起污水厂进水水量和水质发生较大的波动，减少污水处理运行费用，保证污水处理厂稳定运行。雨污分流制排水系统运行后，将减少混流污水对天然水体的影响，避免对周围环境造成污染，改善了居民居住环境。

### 3.2.3 城市雨水净化工程措施

#### 3.2.3.1 初期雨水弃流

初期降雨时，前 2～5mm 的雨水一般污染严重，流量也比较小，为了减少径流污染汇入自然水体，可考虑在雨水径流源头设置初期雨水弃流设施，通过初期雨水弃流装置可实现初期径流流入城市污水排水系统，后期径流通过雨水管道流入自然水体。雨水弃流装置的分类方式多种多样，典型的初期雨水弃流装置主要有如下几种：

（1）容积式弃流池　如图 3-16 所示，容积式弃流池是将设计的集雨面的初期径流优先排入相应容积的蓄水空间内，然后再流入收集系统的下游。弃流池一般用砖砌、混凝土现浇或预制，可设计为在线或旁通方式，所截留的初期雨水在降雨结束后由水泵排入污水管道，或者逐渐渗入周围的土壤。该方法的优点是简单有效，可以准确地按设计要求控制初期雨水量；主要缺点是当汇水面较大、收集效率不高时需要较大的池容。

（2）切换式弃流装置　切换式弃流装置是在雨水检查井中同时埋设连接下游雨水井和下游污水井的两根管道，并设置水量计量及水流切换装置（通过控制手动闸阀或自动闸阀进行切换）以控制初期雨水弃流；也可以采取加大两根管道高差的方式，将初期雨水弃流管设置成分支小管，用小管径管道来弃流初期径流污染严重的雨水，超过小管排水能力的后期径流再进入雨水收集系统，如图 3-17 所示。通过管道高差的不同实现雨水自动弃流的方法可减少切换带来的运行和操作的不便，但缺陷是在整个降雨径流过程中，弃流管一直处于弃流状态，弃流量难以控制，尤其是降雨强度较小而降雨量很大时，可能使弃流量加大，并影响雨水利用系统的收集量。

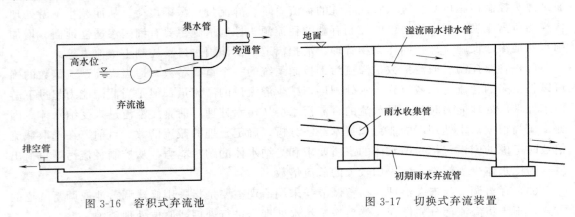

图 3-16　容积式弃流池　　　　　　　图 3-17　切换式弃流装置

（3）旋流分离式弃流装置　如图 3-18 所示，该装置是利用旋流分离原理进行初、后期雨水分离的设备。雨水从旋流分离弃流装置上部周边切向进入旋流筛网，产生强烈的旋转运动。降雨初期筛网表面干燥时，在雨水所受离心力以及水的表面张力的作用下以旋转的状态流向分离装置中心的排水管，初期雨水即被排入市政管道。随着降雨的持续，水在湿润的筛网表面上的张力作用大大减小，中后期雨水就会穿过筛网汇集到集水管道，最终进入雨水收集池。旋流分离弃流装置同时还具有去除固体颗粒、净化雨水水质的效果。弃流装置可通过改变筛网的面积和目数控制初期雨水弃流量。该装置存在的缺陷是初期雨水中树叶等较大的污染物易堵塞筛网。此外，旋流分离装置底部的排水管在整个降雨径流过程中一直处于弃流状态，达不到弃流量的精确控制，并影响对雨水利用系统的收集量。

（4）自动翻板式初雨分离装置　如图 3-19 所示，该装置是利用自动翻转的翻板进行弃流。没有雨水时，翻板处于弃流管位置，降雨开始后，初雨沿翻板经过弃流管排走。随着降雨的增多，一般降雨到 2～3mm 时，翻板依靠重力会自动翻转，雨水沿翻板经过雨水收集管进入蓄水池。当停止降雨一定时间后翻板依靠重力作用自动恢复原位，等待下一次降雨。翻板的翻转时间和停雨后自动复位时间可根据具体情况进行调节。通过使用该装置可以有效地控制每场降雨径流中的大部分污染物，能显著地改善蓄水池中的雨水水质，保证整个系统安全而高效地运行。

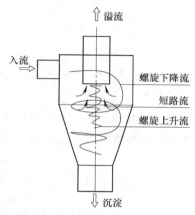

图 3-18　旋流分离式弃流装置

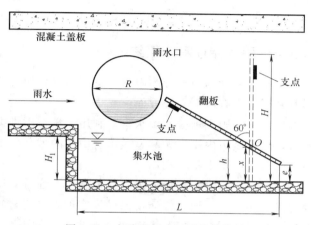

图 3-19　自动翻板式初雨分离装置

### 3.2.3.2　雨水净化技术

雨水净化工艺视雨水水质和使用目的确定，若出水作为杂用水，则处理工艺的选择应以简便、实用为原则，优先考虑混凝、沉淀、过滤等物化处理方案。当收集的雨水有机污染物含量较高时，有时需要将物化与生化工艺相结合采用。雨水净化处理工艺流程如图 3-20～图 3-22 所示。

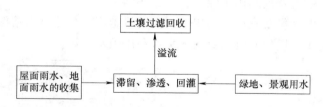

图 3-20　雨水回用的自然净化工艺流程

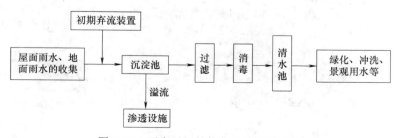

图 3-21　雨水回用的物化处理工艺流程

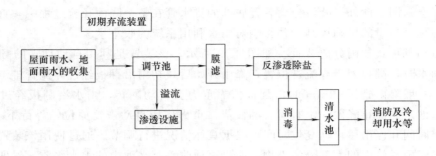

图 3-22　雨水回用的深度处理工艺流程

### 3.2.4　雨水储存利用系统

雨水储存利用模式分为雨水集蓄利用（直接）和雨水渗透利用（间接）两种模式。雨水集蓄利用主要有以下 6 个方面：

（1）基于雨洪削减的雨水集蓄利用　城市雨洪携带污染物导致面源污染，并且增加洪峰流量，加重城市内涝。尤其是城中有山体的城市，山洪对城市防洪排涝影响严重，可以结合山洪削减开展雨水集蓄利用。

（2）基于积淹水改造的雨水集蓄利用　通过对城市存在的积淹水点进行改造，将雨水储存与排水相结合，通过修建蓄水设施实现雨水集蓄利用。

（3）居住区、学校、场馆和企事业单位的雨水集蓄利用　将收集的雨水用于校园、场馆、单位内部的景观水体补水、绿化、道路浇洒、冲厕等，可以节约城市大量水资源。

（4）湿地、水塘的雨水集蓄利用　结合城市中的人工湖、集蓄池、人工湿地、天然洼地、坑塘、河流和沟渠等，建立综合性、系统化的蓄水工程设施，把雨水径流洪峰暂存其内，再加以利用。

（5）公园、绿地的雨水集蓄利用　将雨水集蓄利用与公园、绿地等结合，可以用于公园内水体的补水换水，还可就近利用于绿化、道路浇洒等。

（6）防护走廊的雨水集蓄利用　利用电力高压线走廊、公路、铁路保护带空地等，开展雨水集蓄利用，在美化环境的同时能更好地集蓄利用雨水资源。

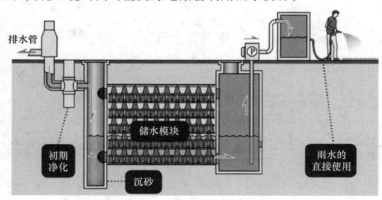

图 3-23　雨水蓄水模块

目前，雨水储存利用广泛应用模块式雨水储存系统，如图 3-23 所示。雨水蓄水模块使用防水布或者土工布可以完成蓄水、排放，在结构内设置进水管、出水管、水泵位置和检查井。除了采用蓄水池储存雨水外，也可以利用天然池塘或雨水桶（箱）储存雨水。雨水桶（箱）是指与屋顶落水管网直接连接，用于拦截、储存由屋顶产生、排放的雨水收集储存设施。屋面雨水易于收集，且污染度低，资源量较大，雨水桶通过收集、储存屋顶雨水，从而减少径流量、削减峰值，同时收集的雨水还可直接回用。由于雨水桶的容积较小，占地面积小，结构简单，投资费用和后期维护需求均较低，适用范围广，普遍用于住宅等建筑密度较低的区域，一般设于地面之上。

# 3.3　水生态系统建设

## 3.3.1　现有河湖水域海绵体保护

（1）城市河湖水域空间管控　根据城市水系分布及相互关系，明确河道、湖泊、湿地、坑塘及沟渠等自然水域的范围、边界、规模；根据相关法律法规、城市总体规划及水工程管理相关规范，划定河道、湖泊、湿地、坑塘、沟渠等管理范围和保护范围；提出维护海绵体的长度、宽度、容积、植被、水生生境的相关管理规定和保护要求；推进管护范围确权划界，防止填埋、占用城市蓝线内水域及其他对城市水系海绵体造成破坏的建设活动。

（2）确权划界及涉水敏感区保护　查明河湖管理范围和水利工程管理与保护范围的确权划界情况，界桩、界碑和警示牌的数量与位置；根据相关管理规范要求，增补和设置必要的界桩、界碑和警示牌，加强对河道、湖泊、湿地、坑塘、沟渠的保护要求，限制城市开发活动中对天然河湖海绵体的影响，保持其滞留、集蓄、净化雨水功能。确定城市饮用水水源地、河流水系、湿地及滨水区的特殊或稀有植物群落、部分水生动物栖息地等涉水生态敏感区。根据城市总体规划布局，结合城市社会经济发展和城市总体规划布局，依据生态敏感区完整度和损害程度，界定涉水生态敏感区保护范围，并提出保护措施。

（3）重要区域的隔离防护　分析城市河流水系、湖泊等岸坡工程地质条件及水文情势，对迎流顶冲地段、抗冲性能较差、水深较大、水流湍急的凹岸和受船行波影响易崩岸地段进行防护，防护措施首选安全、生态的形式，并应设置警示标志，注意监测与管理。

（4）监测监控措施　对受保护的海绵体，结合非工程措施，布设必要的监控点或监控断面，提出监控位置、监控信息、监控方案要求，实时监控保护情况，及时检查漏洞并进行弥补，收集、积累海绵体运行基本信息，提升保护水平。

## 3.3.2　受损河湖水域海绵体的修复

（1）重建生态友好型水利工程　摸清城市现有河道、湖泊、湿地、坑塘、沟渠水工程的种类、位置、规模，在满足防洪和排涝安全的前提下，对已渠化的河道、刚性护岸护坡、衬砌河床等进行生态化改造；适当建设滨水广场、码头、亲水平台、步道等亲水设施，构筑具有亲水功能的生态景观河道，改善城市水生态环境。

（2）恢复河湖水系　恢复原有排水沟渠数量、长度及管护范围，退出被侵占的河湖滩地，拆除废弃和阻断水流连通的部分闸坝设施，恢复河湖水系滨水带自然状态，修复河湖及滨水带的自然形态和生态功能，发挥河湖自然渗透、滞留、蓄水及净化水体和生态景观作用。

（3）修复污染严重水体　按照"控制点源污染、减少面源污染、治理内源污染、截导外源污染"的原则，修复流域生态环境。采取控源截污工程拦截陆域污染物，通过人工湿地、生态浮岛、河滩地自然恢复或人工种植水生植物等水生态修复和保护措施，提高水域自净能力和水源涵养能力。开展入河排污口的综合整治，合理布置城市入河排污口，削减污染物入河量，治理污染严重的水体，保证河湖水系功能的正常发挥。

（4）城市清洁小流域治理　根据城市雨水汇流特征，对城市建成区以小流域为单元开展清洁化治理。通过雨水收集存储、雨水花园建设、再生水景观营造等一系列小流域综合治理措施，削减城市面源污染、净化水质、美化环境，延滞径流形成时间，提高城市应对极端天气能力、雨洪资源利用能力和水源涵养能力。大力修复受损河湖水域海绵体，消除城市黑臭水体，改善城市水环境。

### 3.3.3　河湖水系构建措施

为了实现水生态系统的生态健康，常常还需要对现有河湖水系进行重组构建，主要措施包括：

（1）整合河湖水系，恢复自然储蓄池塘　通过开挖、疏浚、设置如水闸等工程措施的方式，调节城市河湖水系之间的水资源空间配置，达到防洪疏导、丰枯互补的作用。同时，结合现有城市河湖建设湿地与径流廊道，修复原有自然池塘，以蓄滞城市雨洪水量，减轻或避免低洼地内的内涝情况。

（2）改造驳岸，弹性控制行洪河道　在保证防洪安全的基础上将工程改造与生态修复相结合，在保证强度的基础上对混凝土材质的硬质河湖床体进行改建，恢复河道自然走势和湖泊的自然形态，保留水流对河湖堤岸的侵蚀、淤积、冲刷，修复水体的生态栖息地功能，实现水体与河湖堤岸的能量交换。

（3）建设海绵设施，加强雨水径流渗透　根据场地不同，因地制宜地选择如透水路、植草沟等小型分散的低影响雨水开发设施，同时与其他各单项设施、城市雨水管渠系统和超标雨水径流排放系统相衔接，加强对雨水径流的渗透控制，有效减少瞬时径流峰值。

（4）清理底泥，增强河湖自净能力　疏通河道，清理河湖淤积的底泥，减少污泥的次生污染。在现有驳岸的基础上，结合其他海绵体建设，对沿岸植被进行整理和补植。同时，沿水体建设截污管线集中收集处理污水，修复河流两岸或湖泊的原生水生态系统，增强水体自净能力，改善水体水质。

（5）新建湿地，逐级净化污染水体　结合水系连通工程，在径流汇集或滞留的重要节点处建设生态湿地，在河道两侧或湖泊四周布置植被缓冲带和生态驳岸，同时结合雨水管网建设在出水口设置雨水净化设施。灰绿设施结合，逐级净化汇入的微污染水体，改善城市河湖水系水环境。

### 3.3.4　水体富营养化水质改善

（1）砂滤净化　砂滤是通过滤料对水中悬浮污染物的截留以及附着在滤料表面的生物对污染物的吸收、降解，以去除水体中的污染物，达到净化水体水质的目的，如图 3-24 所示。砂滤技术具有处理效率高、提升水质速度快的优点。砂滤法对于水藻的去除率能够达到 100％，但水体水藻浓度较高时，采用砂滤法处理时滤料容易堵塞。该方法对水体中的有机物、藻类的抑制和处理效果不佳，加入化学药剂又易对水体产生二次污染，因此一般循环过滤技术只用于面积较小的缓流水体，不宜用于水体面积较大、过滤频率高、周期长的机械循环过滤的水体。

（2）生物过滤

① 砾石床过滤　砾石床是采用人工湿地的原理，用砾石作为滤料，在水体旁适当位置设置人工垒筑床体，通过动力系统，控制补水口和水体水位的位差来调节床体的过水流量。在床体上种植高效脱氮除磷植物，通过植物的根系及砾石吸附、微生物作用去除循环水中的营养物质和有机物，如图 3-25 所示。该技术适用于悬浮物浓度较低的水体入流水质控制，可用于水体水质改善的原位和异位处理。

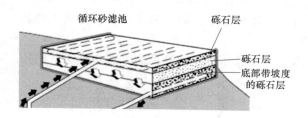

图 3-24　砂滤技术结构示意图

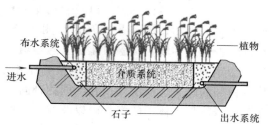

图 3-25　砾石床技术结构示意图

② 生物接触氧化　生物接触氧化技术是以附着在载体（俗称填料）上的生物膜为主，通过动力系统提升污染水，再通过微生物对循环水中污染物的降解和吸收，使水质得到净化后，排放至原水体中，如图 3-26 所示。该技术对有机碳、氮磷营养物和悬浮物的去除效果好，适用于受有机污染较为严重水体的旁路分流处理，能有效消除水体富营养化和黑臭现象。

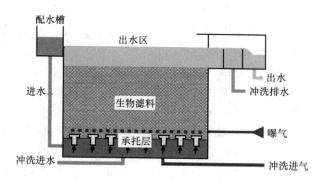

图 3-26　生物接触氧化池结构示意图

（3）人工湿地技术　人工湿地技术是将污染水引入湿地净化系统中，利用植物和滤料对污染物的吸收以及微生物对污染物的分解，污水被净化后流向水体的一种处理技术，如图3-27所示。该技术对氮、磷和有机物的去除效果好，适用于悬浮物浓度较低、氮磷营养物浓度较高的水体，一般作为缓流水体水质改善的旁路处理。

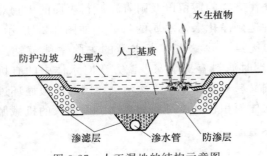

图 3-27　人工湿地的结构示意图

（4）生物生态修复技术　生物生态修复技术主要是利用微生物、植物等生物的生命活动，对水中污染物进行转移、转化及降解，最大限度地恢复水体的自净能力，使水质得到净化，重建并恢复适宜多种生物生息繁衍的水生生态系统。这类技术具有处理效果好、工程造价相对较低、不需耗能或低耗能、运行成本低廉，同时不用向水体投放药剂，不会形成二次污染等优点，并可以与绿化环境及景观改善相结合，创造人与自然相融合的优美环境。这类技术适合用于污染程度较低、以修复为主的城市缓流水体。城市缓流水体水环境修复应优先考虑采用生物生态修复技术。

① 生物挂膜技术　生物挂膜技术是利用滤料上高浓度微生物的吸附、降解等作用使得污水中的污染物得以降解，以及利用滤料粒径较小的特点及生物膜的生物絮凝作用，截留污水中大量悬浮物，如图3-28所示。用于净化缓流水体水质的生物挂膜技术主要包括生物栅技术、弹性立体填料接触氧化法、悬浮填料床等。

② 浮床植物净化技术　浮床植物净化技术是通过载体将植物种植到水体水面上，利用植物根部的吸收、吸附作用和不同物种间的竞争机制，将水体中的氮、磷以及有机物作为自身营养物质利用，并最终通过对植物体的收获将其带离出水体，达到净化水体水质的目的，如图3-29所示。该技术主要适用于富营养化程度较低、有机污染程度低的城市缓流水体。浮床植物技术大多作为原位处理措施与其他水质净化技术联合使用。

③ 水生植物净化技术　水生植物净化技术是通过恢复水生态系统中水生植物群落，实现植物对营养盐和有机污染物的吸附、利用或转移。同时还可利用水生植物自身比藻类在竞争营养、光照和生态位较强的竞争优势，以及分泌出某些物质直接干扰藻类的生长，来吸收水体中氮、磷营养物，抑制藻类生长，净化水体水质。该技术适用于富营养化程度较低和有机污染程度较低的缓流水体。

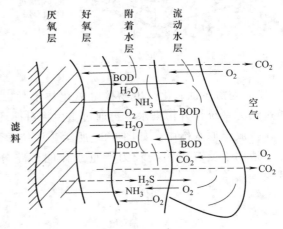

图 3-28　生物挂膜技术结构示意图

④ 水生动物操控技术　水生动物操控技术是通过采用底栖动物、浮游动物、鱼类等人工操控措施，利用水生动物间的捕食竞争关系，发挥作为消费者和生产者的水生动物与水生植物之间的相互依赖制约关系，构成完整生态食物链和食物网，控制水体富营养化。该技术能降低水体浮游植物量、提高水体透明度，适用于换水周期长且水体污染程度较低的缓流水

体。该技术一般与其余水质净化技术
联合使用。目前该技术中使用较多的
水生动物有蚌类、螺类、食草鱼类、
杂食鱼类等。

（5）曝气增氧技术　曝气增氧技
术分为自然曝气复氧和机械曝气复氧
两大类。自然曝气复氧是指利用湖体
自然落差或因地制宜地构建落差工程
（瀑布、喷泉、假山等）来实现跌水充

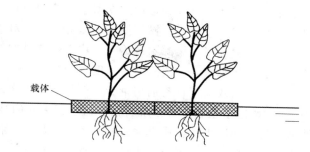

图 3-29　生态浮床技术结构示意图

氧，或利用水利工程提高流速来实现增氧。机械曝气复氧是指利用机械曝气设备向处于缺氧
（或厌氧）状态的水体进行机械充氧，以增强河道的自净能力，净化水质，改善或恢复水体
的生态环境。应优先考虑采用自然曝气复氧措施。

曝气增氧技术主要用于静止或流动性差、易污染、水环境容量小的城市水体水质的改
善，也可以用于在温度较高时水体发黑发臭的消除。该技术具有设备简单、机动灵活、安全
可靠、见效快、操作便利、适应性广、对水生生态不产生任何危害等优点。

（6）水力调控技术　水力调控是指利用一定方式来增加水体补水量或者通过改变局部水
流状态，强化水体自净能力，达到改善水体水质的目的。该方法适用于面积较小、流动性较
弱的缓流水体。根据补水方式，分为补水增量和水体内循环两种措施。

### 3.3.5　黑臭河沟治理

城市河道的黑臭治理遵循"外源减排、内源清淤、水质净化、清水补给、生态恢复"的
技术路线。其中外源减排和内源清淤是基础与前提，水质净化是阶段性手段，水动力改善技
术（清水补给）和生态恢复是长效保障措施。

（1）外源阻断技术　外源阻断包括城市截污纳管和面源控制两种情况。针对缺乏完善污
水收集系统的水体，通过建设和改造水体沿岸的污水管道，将污水截流纳入污水收集和处理
系统，从源头上削减污染物的直接排放。针对目前尚无条件进行截污纳管的污水，可在原位
采用高效一级强化污水处理技术或工艺，快速高效去除水中的污染物，避免污水直排对水体
造成的污染。

城市面源污染主要来源于雨水径流中含有的污染物，其控制技术主要包括各种城市低影
响开发技术、初期雨水控制技术和生态护岸技术等。城市水体周边的垃圾是面源污染物的重
要来源，因此水体周边垃圾的清理是面源污染控制的重要措施。

（2）内源控制技术　清淤疏浚技术通常有两种：一种是抽干河湖水后清淤；另一种是用
挖泥船直接从水中清除淤泥。后者的应用范围较广，江河湖库都可采用。清淤疏浚能相对快
速地改善水质，但清淤过程因扰动易导致污染物大量进入水体，影响到水体生态系统的稳
定，因而具有一定的生态风险性，不能作为一种污染水体的长效治理措施。

（3）水质净化技术　城市黑臭水体的水质净化技术主要包括人工曝气充氧、化学药剂投
加、人工湿地技术、生态浮岛和稳定塘等。

人工曝气充氧（通入空气、纯氧或臭氧等）可以提高水体溶解氧浓度和氧化还原电位，
缓解水体黑臭状况，增强水体的自净能力，改善水质及恢复水体的生态环境。人工曝气复氧

一般采用固定式充氧站和移动式充氧平台两种形式。该方法具有设备简单、机动灵活、安全可靠、投资省、见效快、操作便利、适应性广、对水生生态不产生任何危害等优点，适合于城市景观河道和微污染源水的治理。化学药剂投加如混凝沉淀、化学药剂杀藻、铁盐促进磷的沉淀、石灰脱氮等方法。其对浊度、COD、SS、TP 去除效果较好，对 TN、重金属等也有一定的去除效果，且药剂用量少，但易造成二次污染，使用时应慎重。人工湿地技术是利用土壤-微生物-植物生态系统对营养盐进行去除的技术，多采用表面流湿地或潜流湿地，湿地植物可选择沉水植物或挺水植物。生态浮岛是一种经过人工设计建造、漂浮于水面上供动植物和微生物生长、繁衍、栖息的生物生态设施。通过构建水域生态系统对水体中的污染物摄食、消化、降解等，实现水质净化。稳定塘是一种人工强化措施与自然净化功能相结合的水质净化技术，如多水塘技术和水生植物塘技术等。可利用水体沿岸多个天然水塘或人工水塘对污染水体进行净化。

（4）水动力改善技术　调水不仅可借助大量清洁水源稀释黑臭水体中的污染物，而且可加强污染物的扩散、净化和输出。对于纳污负荷高、水动力不足、环境容量低的城市黑臭水体治理效果明显。但调用清洁水来改善河水水质是对水资源的浪费，应尽量采用非常规水源，同时在调水的过程中要防止引入新的污染源。

（5）生态恢复技术　水体黑臭现象往往是由于水中氮、磷浓度较高引起藻类暴发等次生问题，造成水质恶化、藻毒素问题和其他水生生物的大量死亡，继而导致黑臭复发。藻类生长人工控制技术包括各种物理、化学和生物技术。其中，生物控制技术包括种植抑藻水生植物或投放食藻鱼类等。水生态修复包括水生植物和水生动物（如鱼类、底栖动物等）食物链的修复与水文生态系统构建。利用生态学原理构建的食物链，可以持续去除城市水体中的污染物和营养物，改善水体生境。

# 3.4　城市绿廊与水系格局构建

绿廊即绿色廊道，是一种线形绿色开敞空间，具备较强的自然特征，由蓝道、公园道、道路绿地、防护绿地等组成。生态廊道是指具有保护生物多样性、过滤污染物、防止水土流失、防风固沙、调控洪水等生态服务功能的廊道类型。城市生态廊道分为山脉型生态廊道、道路型生态廊道和河流型生态廊道三种。

## 3.4.1　城市绿廊规划设计原则

① 绿廊植被的规划设计应遵循"生态优先、保护生物多样性、因地制宜、适地适树"的原则。规划设计时应最大限度地保护、合理利用场地内现有的自然和人工植被，维护区域内生态系统的健康与稳定。

② 节点系统的植物种植应满足游人游憩的需要。植物种类的选择应以地带性植物为主，构建有利于保证"生物及景观多样性"的生态空间，同时应与周边的植物景观相融合。对场地内受到破坏的地带性植物群落，应以地带性植物为主，采用生态修复等技术手段，恢复具地域特色的植物群落，并防止外来物种入侵造成生态灾害。

③ 景观植物种植应与当地城市景观风格协调、统一，充分利用植物的观赏特性，营造

色彩、层次、空间丰富的植物景观，提升绿廊系统的游赏乐趣。在景观较好的区域不应过密种植植物，应提供一些视线通廊，确保视野可达绿廊系统周边的人文及自然景观。乔木宜选用高大荫浓的树种。

④ 绿廊系统里的水资源需要合理开发和利用，特别要根据水资源时空分布及演化规律，调整和控制人类的各种取用水行为，使水资源系统维持良性循环，实现绿廊系统内的水资源可持续发展，且在规划和连通绿廊中水系时，严禁将高污染程度的水系引入洁净或低污染程度的水系。

### 3.4.2　城市绿廊与水系格局构建方法

城市生态廊道的"海绵化"建设的关键在于如何使城市道路型生态廊道和河流型生态廊道成为具有吸水、储水、净水、蓄水的"绿色生态海绵体"。城市绿廊与水系格局构建主要包括以下几种方法：

（1）道路生态廊道绿色基础设施　利用建立在道路生态廊道中的雨水花园、生态草沟、透水铺装、人工湿地等绿色基础设施，既可以减少暴雨时的地表径流量，又可以有效地去除雨水径流中的污染物将雨水回用，还可以美化环境、营造舒适的生活空间。除此之外，还可将城市道路绿化带、人行步道等城市道路型生态廊道的地块内的下水道设计改为新式的砂滤系统，通过绿色基础设施与砂滤系统的有机结合，建立地上渗水透水、地下储水净水的双通道。

（2）滨河生态湿地海绵体建设　城市中的河流水系繁多，呈树枝状的景观格局，这种空间特征为河流廊道体系的构建提供了天然的有利条件。可以利用滨河地段修建生态滤沟、植被缓冲带、生物滞留塘、渗透塘、调节塘和人工湿地等海绵体，可大大减少雨水径流污染和削减雨水的地表流速。

（3）构建城市生态廊道雨水收集体系　生态廊道附近地块雨水应在地块内部的公共绿地里汇集，然后经过植物浅沟、雨水花园后汇入城市外河水系。雨水在收集过程中经过这些海绵体的层层过滤和净化，水质一般较好，可直接用于景观水景、灌溉或补充地下水。

#### 思　考　题

1. 什么是绿色屋顶？它有哪些类型？简述其构造特点。
2. 透水地面铺装一般结构主要包括哪几个部分？简述其设计基本要求。
3. 生态植草沟有哪几种形式？简述其设计内容和基本要求。
4. 雨水花园由哪几部分组成？如何选择雨水花园植物？
5. 下沉式绿地基本设计形式有哪几种？建设时一般有哪些基本要求？
6. 城市雨水通过哪些方式收集？各收集系统有哪些特点？
7. 什么是初期雨水弃流设施？它们有哪些形式？
8. 简述雨水自然净化、物化处理和深度处理的工艺流程。
9. 什么水体富营养化？改善水体富营养化的技术有哪些？
10. 什么是黑臭水体？黑臭水体的治理措施有哪些？
11. 什么是城市绿廊？它的构建方法有哪些？

# 第4章
# 海绵城市控制指标体系的构建

## 4.1 城市规划控制指标

### 4.1.1 城市规划控制的基本内容

规划控制指标体系的构成内容包括土地利用、设施配套、建筑建造、行为活动四个方面。

（1）土地利用　土地利用主要包括两个方面的内容：一是土地使用控制。对建设用地上的建设内容、位置、面积和边界范围等方面作出规定。其控制内容为土地使用性质、土地使用的相容性、用地边界、用地面积等。二是环境容量控制。为了保证城市良好的环境质量，对建设用地能够容纳的建设量和人口聚集量作出合理规定。其控制内容为容积率、建筑密度、人口容量、绿地率等。

（2）设施配套　设施配套是生产生活正常进行的保证，即对建设用地内公共设施和市政设施建设提出定量配置要求。公共设施配套包括文化、教育、体育、医疗卫生设施和商业服务业等配置要求。市政设施配套包括机动车、非机动车停车场（库）及市政公用设施等容量规定，如给水量、排水量、用电量、通信等。设施配套控制应按照国家和地方规范（标准）作出规定。

（3）建筑建造

① 建筑建造控制是对建设用地上的建筑物布置和建筑物之间的群体关系作出必要的技术规定。其控制内容为建筑高度、建筑间距、建筑后退等，还包括消防、抗震、卫生、安全防护、防洪及其他方面的专业要求。

② 城市设计引导是依照美学和空间艺术处理原则，从建筑单体环境和建筑群体环境两个层面对建筑设计和建筑建造提出指导性综合设计要求和建议。

（4）行为活动　行为活动控制是从外部环境要求出发，对建设项目就交通活动和环境保护两方面提出控制规定。交通活动控制包括控制交通出入口方位、数量，规定允许出入口方向和数量的交通运行组织，规定地块内允许通过的车辆类型、地块内停车泊位数量和交通组织、装卸场地位置和面积。环境保护的控制通过制定污染物排放标准，防止在生产建设或者其他活动中产生的废气、废水、废渣、粉尘、恶臭气体、放射性物质以及噪声、振动、电磁波辐射等对环境的污染和危害，达到保护环境的目的。

### 4.1.2　城市规划控制的方式

针对不同用地、不同建设项目和不同开发过程，应采用多手段的控制方式。控制方式主要有指标量化、条文规定、图则标定、城市设计引导。

### 4.1.3　城市规划控制指标类型

控制指标分为规定性指标和指导性指标。前者必须遵照执行，后者参照执行。规定性指标主要包括用地性质、建筑密度、建筑控制高度、容积率、绿地率、交通出入口方位、停车泊位及其他需要配置的公共设施。指导性指标主要包括人口容量、建筑形式、体量、风格要求、建筑色彩要求、其他环境要求。

## 4.2　海绵城市控制指标与现有规划指标的关系

传统规划方法中各项控制指标主要通过控制性详细规划（控规）来实现，控规是落实城市总体规划（总规）目标要求、指导修建性详细规划（修规）建设的一个重要规划层次，现有控规指标体系包括土地使用、建筑建造、设施配套和行为活动四个方面的内容。海绵城市的规划理念与方法应与控规的规划编制体系相衔接，做好水生态、水环境、水资源、水安全及制度建设等方面的衔接，结合用地功能和布局，明确各单元或地块的主要控制指标，落实海绵城市规划建设的理念、原则、方法及技术措施，将不易直接操作实施的指标（如年径流总量控制率、污染控制率等）分解为透水铺装率、绿色屋顶率、下沉式绿地率和调蓄容积等指标，以便在具体落实时将控制指标层层传递到建设项目中，如图 4-1 所示。由于年径流总量控制率、雨水资源利用率和污染控制率等控制指标需通过各项低影响开发措施的实施才能达到目标要求，且一项措施一般也与多个指标有关联，只有将海绵城市的建设指标落实到具体地块，对各项控制指标、控制要求进一步细化，并与相应的具体工程措施对应，使它们之间有一个很好的衔接关系，据此提出规划许可要求，才能达到海绵城市的建设要求。海绵城市建设控制和引导指标主要包括单位面积雨水控制容积（超过一定建筑面积的建设项目必须配建对应体积的调蓄空间）、透水铺装率、下沉式绿地率、绿色屋顶率、雨水资源利用率、污水再生利用率、管网漏损率和面源污染控制率等。在项目审查中按照控规要求，审查项目用地中的雨水调蓄利用设施、绿色屋顶、下沉式绿地、透水铺装、植草沟、雨水湿地、初期雨水弃流设施等低影响开发设施及其组合系统设计内容，并与控规指标的相符性进行校核。海绵城市控制指标的选取可针对不同的城市特点有所侧重，应优先解决主要矛盾和核心问题，如缺水地区应强化雨水资源利用，内涝风险区应强化削减峰值和雨水的储存调节，水资源丰富的地区应强化径流污染控制和峰值控制等指标，以达到当地海绵城市建设的目标要求。

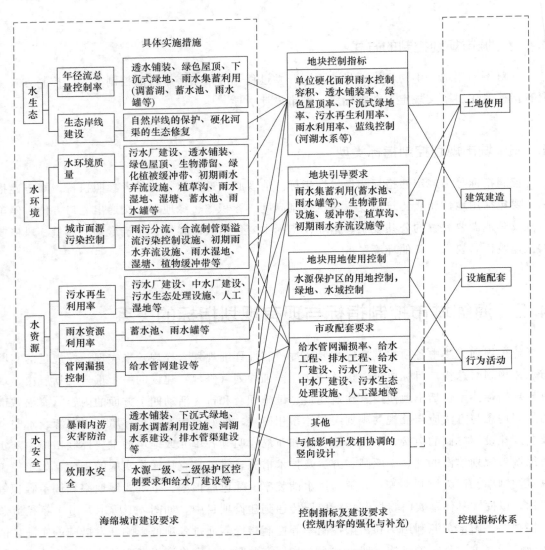

图 4-1 海绵城市建设与控规衔接框架图

# 4.3 海绵城市控制指标

## 4.3.1 水生态指标

### 4.3.1.1 综合指标

综合指标采用单位面积雨水控制容积来表示。可根据总规确定的海绵城市年径流总量控制率目标、城市年径流量控制率对应的设计降雨量值（根据各城市的降雨分布特征，应单独推算，资料缺乏时可参照附表1《我国部分城市年径流总量控制率对应的设计降雨量值一览表》）中与降雨规律相近城市的设计降雨量值及各类用地对应的径流系数，进行加权平均计算，单位面积雨水控制容积（m³/hm²）计算公式如下：

$$V_{单位面积} = 10H\varphi \tag{4-1}$$

式中　$H$——设计降雨量，mm；

　　　$\varphi$——综合雨量径流系数，按照不同汇水面的种类加权平均计算得出。

由控制容积指标可得出总控制容积，计算公式如下：

$$V = V_{单位面积}F \tag{4-2}$$

式中，$F$ 为汇水面积，hm²。单位面积雨水控制容积应在控制单元内进行平衡计算，通过各地块分项指标进行控制实施。

（1）年径流总量控制率　年径流总量控制率指标是指通过自然和人工强化的渗透、集蓄、利用、蒸发、蒸腾等方式，场地内累计全年得到控制的雨量占全年总降雨量的比例。

海绵城市建设提倡推广和应用低影响开发建设模式，加大对城市雨水径流源头水量、水质的刚性约束，使城市开发建设后的水文特征接近开发前，有效缓解城市内涝、控制面源污染，最终改善和保护城市生态环境，实现城市建设与生态文明的协调发展。在"源头减排、过程控制、末端治理"的海绵城市建设全过程中，雨水的渗、蓄、滞、净、用等综合效益主要依托对降雨的体积控制来实现，体现在年径流总量控制率这一核心指标中。2015 年国家海绵城市建设试点城市申报要求试点城市年径流总量控制率不得低于 70%。我国部分试点城市同时将年径流总量控制率目标、径流系数作为并列的地块控制指标，见表 4-1。

**表 4-1　试点城市核心指标**

| 项　目 | 径流系数 $\varphi$ | 年径流总量控制率 |
|---|---|---|
| 城市 1 试点区域 | 年综合径流系数为 0.25 | 75% |
| 城市 2 试点区域 | 2 年一遇综合径流系数为 0.57 | 78% |
| 城市 3 试点区域 | 建筑与小区综合雨量径流系数为 0.4～0.5（道路类为 0.6，绿地类为 0.1） | 85% |
| 城市 4 试点区域 | 城区为 0.69～0.72；水源涵养区为 0.4～0.45 | 城区为 70%～80%；水源涵养区为 85% |
| 城市 5 试点区域 | 综合径流系数城市密集为 0.6～0.7，较密集区为 0.45～0.6，稀疏区为 0.2～0.4 | 70%～80% |
| 城市 6 试点区域 | 综合径流系数现状为 0.7，目标为 0.65 | 75% |
| 城市 7 试点区域 | 综合径流系数为 0.55 | 80% |
| 城市 8 试点区域 | 老城区综合径流系数降低到 0.6，新城区不超过 0.5 | 75% |
| 城市 9 试点区域 | 综合径流系数不高于 0.5 | 80% |
| 城市 10 试点区域 | 综合径流系数不高于 0.3 | 80% |

径流系数的影响因素较多，除与下垫面组成有关外，还同降雨强度或降雨重现期密切相关。从表 4-1 中可知，各地在几乎同等的年径流总量控制率下提出的径流系数差异较大。

年径流总量控制率=100%－全年外排的径流雨量占全年总降雨量的比例。

年径流总量控制率可通过日降雨量统计分析，折算到设计降雨量。折算方法为：选取至少近 30 年的日降雨资料，扣除≤2mm 的降雨事件的降雨量，将日降雨量由小到大进行排序，统计小于某一降雨量的降雨总量在总降雨量中的比率，此比率对应的降雨量（日值）即为设计降雨量 $H$。径流系数包括流量径流系数 $\varphi_m$ 和雨量径流系数 $\varphi_c$，后者比前者略小。用于管道设计流量计算的径流系数为流量径流系数，即形成高峰流量的历时内产生的径流量与降雨量之比。用于雨水径流总量计算的径流系数为雨量径流系数，即设定时间内产生的径流总量与总降雨量之比。《建筑与小区雨水利用工程技术规范》根据经验给出表 4-2 供参考，并同时指出流量径流系数 $\varphi_m$ 对应的重现期为 2 年左右，雨量径流系数 $\varphi_c$ 的上限值为一次降雨的雨量径流系数（雨量为 30mm 左右），下限值为年均值。

**表 4-2　年径流总量控制率参数估算参考值**

| 项　　目 | 雨量径流系数 $\varphi_c$ | 流量径流系数 $\varphi_m$ |
|---|---|---|
| 硬屋面、未铺石子的平板屋面、沥青屋面 | 0.8～0.9 | 1 |
| 铺石子的平板屋面 | 0.6～0.7 | 0.8 |
| 绿化屋面 | 0.3～0.4 | 0.4 |
| 混凝土和沥青屋面 | 0.8～0.9 | 0.9 |
| 块石等铺砌路面 | 0.5～0.6 | 0.7 |
| 干砌砖、石及碎石路面 | 0.4 | 0.5 |
| 非铺砌的土路面 | 0.3 | 0.4 |
| 绿地 | 0.15 | 0.25 |
| 水面 | 1 | 1 |
| 地下建筑覆土绿地（覆土厚度≥500mm） | 0.15 | 0.25 |
| 地下建筑覆土地（覆土厚度<500mm） | 0.3～0.4 | 0.4 |

（2）径流总量控制指标的校核　年径流总量控制指标校核流程如图 4-2 所示。根据海绵城市设计目标，运用定量分析方法，将规划目标分解为可管控与操作的建设控制指标，结合当地气候、水文特点、地表地形变化、地面高程信息和入渗表面等情况，以及以上各项指标及其用地构成等条件，通过加权平均的方法进行计算或通过水文水力计算与模型模拟的方法进行校核，并对各项指标进行修正与优化，使其达到径流总量控制要求。通过径流总量控制指标的校核，将各项指标控制要求在地块中予以明确，作为用地出让、规划许可的建设条件，指导修规的深化落实。

### 4.3.1.2　分项指标及其对应的具体设施要求

在确定雨水控制容积后，需进行各分项指标的赋值，确定相应的设施建设，以满足年径流总量控制的要求。

（1）下沉式绿地率及下沉深度　下沉式绿地率指调蓄和净化径流雨水的绿地占绿地总面积的比例，下沉深度大于 10cm。在地形条件允许的区域，应在保证建筑、场地安全的情况下尽可能设计下沉式绿地。《绿色建筑评价标准》中将下沉式绿地、雨水花园占绿地总面积的比例达到 30% 作为一个评分项。受自然环境和城市建设的要求的影响，我国各地海绵城市中下沉式绿地率的取值一般为 20%～50%。

（2）绿色屋顶率　绿色屋顶对屋顶荷载、防水及坡度等的要求较为严格。各地结合当地实际情况，对公共建筑、新建、改建建筑与小区绿色屋顶率均作了规定，一般取值为15%～50%。

（3）透水铺装率　住房和城乡建设部颁布的《城市排水（雨水）防涝综合规划编制大纲》规定在新建地区的硬化地面中，透水性地面的比例不应小于 40%。《绿色建筑评价标准》中将透水铺装率达到 50% 的要求作为一个评分项。

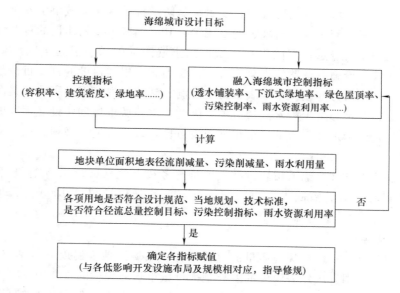

图 4-2　年径流总量控制指标校核流程

（4）其他雨水集蓄利用设施　结合城市的自然条件、经济状况，可提出城市蓝线中的调蓄湖池以及建筑与小区内的蓄水池、雨水罐、人工土壤渗滤等设施的建设要求和建设规模，并计算雨水控制容积。

### 4.3.1.3　生态岸线恢复

我国大部分地区由于一些人为的岸线美化和固化，在某种程度上对自然岸线的生态系统造成了影响，不利于生物多样性的发展和保护，对生态环境造成破坏。有很多河道为了航行需要，全面渠化河道。渠化后的江河由于破坏了自然属性，经水泥板固化后，水体自净能力丧失，生物栖息地被破坏，鱼虾绝迹，过去清澈美丽的河流变成了臭水沟。

城市水系建设中应对河湖水系的自然岸线进行合理保护和利用，对盖板渠、硬化河渠进行生态修复和改造，并进行流量计算，以满足雨洪行泄条件，使规划后的水域面积不小于规划前，对水系进行保护与恢复，发挥径流雨水的自然渗透、净化与调蓄功能，并在控规中划定蓝线控制线，落实相关的建设要求。住房和城乡建设部《海绵城市建设绩效评价与考核办法（试行）》要求：在不影响防洪安全的前提下，对城市河湖水系岸线、加装盖板的天然河渠等进行生态修复，达到蓝线控制要求，恢复其生态功能。

### 4.3.1.4　地下水位保持

我国幅员辽阔，城市受气候、气象影响差异大，尤其是水文、地质条件对海绵城市规划建设影响很大，不同城市的需求目标也不同。例如，由于气候、降雨量等条件不同，南方城市与北方城市对海绵城市建设的需求和目标有所区别：南方城市通常天气温暖潮湿，降雨量大而持续时间长、降雨频率高，其海绵城市规划建设重点是防洪排涝和提升城市水环境品质；北方城市通常天气寒冷干燥，降雨量小而持续时间短，降雨频率低，其海绵城市规划建设重点是缓解城市缺水和提升城市水环境品质。丰水城市与缺水城市对海绵城市建设的需求和目标也不同；丰水城市的海绵城市规划建设重点是防洪排涝；缺水城市的海绵城市规划建设重点是蓄水补水。高地下水位城市、大坡度山地城市、湿陷土地质城市、喀斯特地貌城市的海绵城市规划建设目标也大不相同；高地下水位城市因土壤入浸率低、土层蓄水总量小、排涝难度大等，其海绵城市规划建设的首要目标是防洪排涝，保障城市水安全；大坡度山地城市因大雨滞留和浸透而易发生滑坡、泥石流等，其海绵城市规划建设的首要目标是避免大坡度地区雨水长期滞留浸透；湿陷土地质城市因土壤浸透雨水而引起土壤承载力减弱或消失，容易产生建筑、设施、道路等塌陷灾害，其海绵城市规划建设的首要目标是防止湿陷土地区的雨水滞浸；喀斯特地貌城市地表水易受溶洞、裂隙漏失等因素影响，其海绵城市规划建设的首要目标是蓄水和减少雨水浸透流失。因此，海绵城市规划建设必须高度重视城市的差异性，因地制宜地确定各自海绵城市规划建设目标，选择合适的规划途径，采用合理、可持续实施措施。

住房和城乡建设部《海绵城市建设绩效评价与考核办法（试行）》要求地下水位下降趋势得到明显遏制，平均降幅低于历史同期，对年平均降雨量超过 1000mm 地区不作评价要求。

#### 4.3.1.5 城市热岛效应

城市热岛现象是反映城市环境质量的重要指标，其城区地表温度（包括建筑物、公路、广场、绿地等）与周围郊区地表温度的差异是衡量城市热岛程度的重要因子。为了缓解城市热岛效应现象，可以增加绿化、规划城市通风口。城市绿化对降低城市"热岛"强度、改善城市气候条件有很大作用。绿化率太低，会造成城市的受热面增加。除了在地表种植乔木之外，还可以增加"垂直"绿化，将墙体、屋顶区域种植植被进行绿化，增加城市绿化总量，减少热岛效应。在城市规划建设过程中，还可通过适当分散高层建筑物、建设城市"通风口"及"通风带"，将部分淤积于市内的热量带出城去，从而缓解城市热岛效应。

住房和城乡建设部《海绵城市建设绩效评价与考核办法（试行）》要求海绵城市建设区域夏季（按 6～9 月）日平均气温不高于同期其他区域的日平均气温，或与同区域历史同期（扣除自然气温变化影响）相比呈下降趋势。

### 4.3.2 水环境指标

#### 4.3.2.1 水环境质量

水环境质量是指水环境对人群的生存和繁衍以及社会经济发展的适宜程度，通常指水环境遭受污染的程度。水环境质量指数是定量表示水环境质量的一种形式，它是反映环境状况的无量纲的相对数。

水环境质量指数可分为单项水环境质量指数和综合水环境质量指数两类。单项水环境质量指数表示各种污染物作用于水环境的适量状况。综合水环境质量指数综合了水中多种污染物的影响，一般可分为两种类型：①参数分级评分叠加型指数。选定若干参数，然后将各参数分成若干级，按质量优劣评分，最后将各参数的评分相加，求出综合水质参数，数值大表示水质好，数值小表示水质差，用这种指数表示水质，方法简明，计算方便。②参数的相对质量叠加型指数。首先选定若干评价参数，将各参数的实际浓度（$C_i$）和相应评价标准浓度（$S_i$）相比，求出各参数的相对质量指数（$C_i/S_i$），然后求总和值，可表示为：

$$\text{WQI} = \sum \frac{C_i}{S_i} \tag{4-3}$$

WQI 数值表示水质好坏程度，数值小表示水质好。

为控制和消除污染物对水体的污染，提高水环境质量，国家根据水环境长期和近期目标制定了水环境质量标准。除制定全国水环境质量标准外，各地区还根据实际水体的特点、水污染现状、经济和治理水平，结合水域主要用途制定地区水环境质量标准。水环境质量标准是制定污染物排放标准的根据，同时也是确定排污行为是否造成水体污染及是否应当承担法律责任的根据。因此水污染防治法规定，国务院环境保护部门制定国家水环境质量标准，省、自治区、直辖市人民政府可以对国家水环境质量标准中未规定的项目制定地方补充标准，并报国务院环境保护部门备案。

水环境质量标准是水环境管理的基础，也是水污染物总量控制中的主要约束条件，是确定水质保护目标以及水环境容量大小的主要依据，它决定着水体允许接纳污染物量的大小，对水污染控制具有重要作用。我国的水质标准始建于 20 世纪 80 年代，经过多年的发展和修订，已逐渐形成了一个相对完整的标准体系。它主要由地表水环境质量标准、海水水质标准、渔业水质标准、农田灌溉水质标准和地下水质量标准等组成。其中，作为综合性标准的《地表水环境质量标准》，从 1983 年颁布实施以来，已经修订了 3 次，成为我国水环境监督管理的核心与尺度，在水环境保护执法和管理工作中占有不可替代的地位。我国水环境管理最早是对排污口污染物进行排放达标管理，但随着环境管理工作深入，逐步认识到仅对污染源实行排放浓度控制，是无法达到确保环境质量改善的目的的，必须同时对污染物排放总量进行控制，才能有效地控制和消除污染。

总量控制是我国水环境管理中的一项重要管理制度，是根据水体的自净能力，依据水环境质量标准，控制污染源的排放总量，把污染物排放负荷总量控制在水体的环境承载能力范围内的管理方法。它包括排放总量核算、水环境功能区划、总量控制指标确定、水环境容量计算、排放负荷总量的分配以及总量实施监控等过程。总量控制包括目标总量控制和容量总量控制两种形式。容量总量控制将成为我国水污染控制的发展趋势，其最大的特点是将污染源控制管理目标与水质标准相联系，即根据水质标准计算水环境容量，并通过水环境容量直接推算受纳水体的允许纳污总量，并将其分配到陆面上的污染控制区及污染源。因此，在容量总量控制方法中，水质标准是计算水环境容量、确定允许排放总量的基本要素之一，也是总量控制实施的主要依据。我国的水质标准以水化学和物理标准为主，现行的水质标准是根据不同水域及其使用功能分别制定的。其中，依据地表水域使用功能和保护目标将水体划分为 5 类功能区，即自然保护区、饮用水源地、渔业、工业和农业等用水水域，并按照高功能区高要求、低功能区低要求的原则，分别赋予了Ⅰ类～Ⅴ类的水质标准，水域功能类别高的标准值严于水域功能类别低的标准值。

在海绵城市建设区域内，河湖水系的水质不能低于《地表水环境质量标准》（GB 3838）的Ⅳ类标准，地下水监测点位的水质不能低于《地下水质量标准》（GB/T 14848）的Ⅲ类标准，且应优于海绵城市建设前的水质。除落实污水处理设施建设外，对于具体设施，应按照不同的用地类型提出指导性建设意见。

#### 4.3.2.2　水环境保护控制指标

（1）降雨入渗控制指标　降雨入渗控制通常采用的指标为：①无具体要求；②采用奖励机制自愿实施；③结合当地条件，简单地制定一个指标，如 10～25mm 的降雨；④根据区域尺度水文统计或数值模拟评估确定；⑤根据开发场地确定；⑥入渗量相当于 2 年一遇、24h 降雨的一部分（常以百分比表示）。入渗控制指标应依据当地的土壤类型而定，遵循开发后模拟开发前状态的原理，地表渗透率较差的黏土地区开发前的渗透率就比较低，开发后不应该采取高于开发前的渗透控制指标。此外，在一些地下水敏感地区，如地下水位较浅地区、岩溶地区、高污染场地等，应将雨水收集处理后再渗入地下，避免污染地下水。坡度大于15%～20%的地区或渗透率小于15mm/h的地区不宜采取入渗措施。

（2）面源污染控制指标  长期以来，人们认为点源污染是造成水污染的主要原因。但国外历史经验说明，即使点源污染达到"零排放"水平，仍然不能保证水环境质量的根本改善。究其原因是面源污染占有较大的比重，其中城市面源污染所占比例正在日益提高。面源污染控制目标是在考虑成本效益比的情况下，收集处理尽可能多的污染径流。

城区面源污染控制对策主要包括如下几个方面：

① 源头分散控制  源头分散控制主要是利用或改进城市的基础设施，利用城市自然资源分散地在源头或源头附近削减、滞留、利用径流和去除径流中污染物，包括城市一切可利用的绿地、低洼地、渠道、蓄水池、人工水景等和用于提高水质的小型径流处理措施。去除机理主要是一些简单的物理化学作用，如过滤、渗滤、滞留、沉淀等。分散控制主张在城市的各个区域采取规模小、数量多的简易工程性措施实现对面源污染的源的扩散控制，在污染产生地即将其降到最低程度。

② 中途控制和终端控制  中途控制和终端控制主要通过在雨水排除系统中途或终端设置路边的植被浅沟、植被截污带、雨水沉淀池、合流制管道溢流污水沉淀净化池、分流制管道上的各类雨水池、氧化塘与湿地等设施来调蓄、拦截及净化径流雨水。这类技术往往受城市建筑、占地等条件的限制，实施改造难度较大，成本也较高。

③ 工程措施与非工程措施结合  城市面源污染控制措施中，工程性措施是通过工程设施或工程手段来控制和减少暴雨径流的排放量，以及减少污染物在径流中的浓度和总量。非工程措施包括制度、教育和污染物预防措施，不包含固定的和永久性的设施。

对于城市面源污染控制，在控制性详细规划中应注重以下三个方面：

① 雨污分流应在控制性详细规划中的市政专业规划中予以落实。

② 应在地块中提出关于初期雨水弃流设施建设的指导性意见。参照《建筑与小区雨水利用工程技术规范》，根据雨量、雨型、面源污染状况、地形地貌和城市特征等，对雨水弃流量按照实测结果进行计算。当无资料参考时，屋面弃流采用2～3mm的径流厚度，地面弃流采用3～5mm的径流厚度，污染严重时取较大值。初期雨水径流弃流量的计算公式如下：

$$W = 10hF \qquad (4\text{-}4)$$

式中  $W$——设计初期雨水径流弃流量，$m^3$；

$h$——初期径流厚度，mm；

$F$——汇流面积，$m^2$。

③ 在城市径流污染中，悬浮物（SS）与化学需氧量（COD）、总氮（TN）、总磷（TP）等污染物指标有一定的相关性，一般可采用SS总量去除率作为径流污染控制指标。低影响开发雨水系统的年SS总量去除率一般为40%～60%，年SS总量去除率的计算公式如下：

年SS总量去除率＝年径流总量控制率×低影响开发设施对SS的平均去除率  （4-5）

经过计算年SS总量去除率，进而提出建设各项低影响开发设施的具体措施，削减污染负荷。具体设施污染物去除率应根据设施特点进行确定，单项设施污染物去除率的参考值见表4-3。

**表 4-3**　　低影响开发单项设施径流污染控制率参考值

| 单项设施 | 径流污染控制率(以 SS 计)/% | 单项设施 | 径流污染控制率(以 SS 计)/% |
|---|---|---|---|
| 透水砖铺装 | 80～90 | 蓄水池 | 80～90 |
| 透水水泥混凝土 | 80～90 | 雨水罐 | 80～90 |
| 透水沥青混凝土 | 80～90 | 转输型植草沟 | 35～90 |
| 绿色屋顶 | 70～80 | 干式植草沟 | 35～90 |
| 下凹式绿地 | — | 湿式植草沟 | — |
| 简易型生物滞留设施 | — | 渗管/渠 | 35～70 |
| 复杂型生物滞留设施 | 70～95 | 植被缓冲带 | 50～75 |
| 湿塘 | 50～80 | 初期雨水弃流设施 | 40～60 |
| 人工土壤渗滤 | 75～95 | | |

注：SS 去除率数据来自美国流域保护中心的研究数据。

美国各州的面源污染控制常以年均降雨总量或年均降雨场次的百分比为控制指标，如 80%～90% 的年均降雨总量，80%～95% 的年均降雨场次，或 70%～85% 的年均径流总量。年均降雨总量和年均降雨场次可用统计分析方法得出，年均径流总量可采用简化公式计算或水文数值模拟得出。

（3）河流侵蚀控制指标　　当水流的剪切应力超过河床河岸土质的承受能力时，水土侵蚀会发生。水流的剪应力移动泥沙使其顺流而下，侵蚀河床河岸。水流流速越大，持续时间越长，对河流的侵蚀越严重。

河道侵蚀水文控制的主要目的在于：保护河湖水系以及沿河沿岸涉水建筑物，维持水系生物多样化，减少泥沙运移。其控制目标为在一定频率的洪水下，开发后的入河洪峰流量与流速尽可能接近开发前。研究显示对河流侵蚀危害最严重的水流是 1～2 年一遇的洪水。对于一般的河流，这个频率的洪水通常造成 50%～100% 的满岸水流，而这一状态的水流最容易造成河道侵蚀。对河流侵蚀的水文控制指标和措施一般不尽相同，通常有以下几种：①2 年一遇径流峰值与开发前等同；②1 年和 2 年一遇径流峰值以及径流总量与开发前等同；③2 年一遇径流峰值小于开发前径流峰值的 50%；④1～2 年一遇、24h 降雨径流在场地滞留 12～24h；⑤0.5～50 年一遇洪水的高流量持续时间控制；⑥径流分布控制。大多通过滞留方式将开发场地指定频率降雨所对应的径流蓄滞在开发场地 12～24h。通常采用的措施有干、湿蓄滞池，地下蓄滞，人工湿地以及一些入渗措施。如全部采用入渗，入渗量通常规定为开发后增加的 1～2 年一遇、24h 降雨径流量。

（4）水环境保护指标之间的关系　　以上 3 个控制指标是相互嵌套的关系，即入渗控制指标属于面源污染和河流侵蚀控制指标的一部分，而面源污染控制指标属于河流侵蚀控制指标的一部分。但是反之不成立，即只采取水土侵蚀控制措施不等于自动满足面源污染或入渗控制指标。

由于以上 3 个指标均与径流总量控制有关，在场地开发规划设计中通常将这 3 个控制指标进行综合考虑。具体方法为：①设计布置开发场地，应注意保护、保留自然水系和生态通道，同时保证开发目的并且经济可行；②使用增加入渗的 LID 措施达到入渗控制指标，如树池、雨水花坛、入渗沟和渗井等；③添加额外的蓄存设施以满足水质控制指标，如雨水利用、生态雨水花坛、湿地等；④增加额外 LID 措施或修建滞留池塘以满足河流侵蚀控制指标要求。

### 4.3.3 水资源指标

#### 4.3.3.1 污水再生利用率

再生水包括污水经处理后，通过管道及输配设施等输送的用于市政、工业、农业、园林绿地灌溉等用水，以及经过人工湿地、生态等方式处理后，主要指标达到或优于地表水Ⅳ类要求的污水厂尾水。控规中需落实污水处理厂（站）、中水厂（站）的建设，以及人工湿地、污水生态处理利用设施的建设。

（1）城市污水再生利用分类 2002 年发布实施的《城市污水再生利用》系列标准，包含了《城市污水再生利用分类》《城市杂用水水质》《景观环境用水水质》《城市污水再生利用》《工业用水水质》，共计五项。其中作为这一标准体系的基础——《城市污水再生利用分类》在宏观上确定污水处理回用的主要用途，并对相应的水质标准的制定起指导作用。

《城市污水再生利用分类》标准结合已有或待编的水质标准，参考当时我国城市污水再生利用的工程建设相关情况，确定《城市污水再生利用分类》标准按用途分为五类，详见表 4-4。

（2）城市污水再生利用率要求 《城市污水再生利用技术政策》（2006）要求：2010 年北方缺水城市的再生水直接利用率达到城市污水排放量的 $10\%\sim15\%$，南方沿海缺水城市达到 $5\%\sim10\%$；2015 年北方地区缺水城市达到 $20\%\sim25\%$，南方沿海缺水城市达到 $10\%\sim15\%$；其他地区城市也应开展此项工作，并逐年提高利用率。根据《海绵城市建设绩效评价与考核办法（试行）》要求，人均水资源量低于 $500m^3$ 和城区内水体水环境质量低于Ⅳ类标准的城市，污水再生利用率不低于 $20\%$。

（3）城市污水再生利用的规划措施

① 完善再生水利用法规政策 为有效利用水资源，切实提高再生水利用率，从再生水源—处理设施及管网—再生水利用以及设施维护等整个环节做出系统的政策性规范，并对违反相应条款明确法律责任，将再生水利用纳入法律范畴，为全方位开展再生水利用起到有力支撑作用。另外，各地应编制本地区城市污水处理和再生水利用规划，以指导本地区再生水利用工作。

② 加大再生水管网建设 再生水管网在建设中，将遵循专线供给、就近供水、近期铺设主干管及主要支管、远期完善支管并最终形成环状管网供水形式、合理布设取水栓等原则。通过对各污水厂再生水管线进行合理布设，实现再生水多用途利用。

③ 全面建设再生水处理设施 再生水是污水处理厂出水深度处理的结果，为了节省占地，一般规划新建及扩建再生水处理设施与相应的污水处理厂合建。

**表 4-4** 城市污水再生利用类别

| 分　类 | 范　围 | 示　例 |
|---|---|---|
| 农、林、牧、渔业用水 | 农田灌溉 | 种子与育种、粮食与饲料作物、经济作物 |
| | 造林育苗 | 种子、苗木、苗圃、观赏植物 |
| | 畜牧养殖 | 畜牧、家畜、家禽 |
| | 水产养殖 | 淡水养殖 |

续表

| 分　类 | 范　围 | 示　例 |
|---|---|---|
| 城市杂用水 | 城市绿化 | 公共绿地、住宅小区绿化 |
| | 冲厕 | 厕所便器冲洗 |
| | 街道清扫 | 城市道路的冲洗及喷洒 |
| | 车辆冲洗 | 各种车辆冲洗 |
| | 建筑施工 | 施工场地清扫、浇洒、灰尘抑制、混凝土制备与养护、施工中的混凝土构件和建筑物冲洗 |
| | 消防 | 消火栓、消防水炮 |
| 工业用水 | 冷却用水 | 直流式、循环式 |
| | 洗涤用水 | 冲渣、冲灰、消烟除尘、清洗 |
| | 锅炉用水 | 中压、低压锅炉 |
| | 工艺用水 | 溶料、水浴、蒸煮、漂洗、水力开采、水力输送、增湿、稀释、搅拌、选矿、油田回注 |
| | 产品用水 | 浆料、化工制剂、涂料 |
| 环境用水 | 娱乐性景观环境用水 | 娱乐性景观河道、景观湖泊及水景 |
| | 观赏性景观环境用水 | 观赏性景观河道、景观湖泊及水景 |
| | 湿地环境用水 | 恢复自然湿地、营造人工湿地 |
| 补充水源水 | 补充地表水 | 河流、湖泊 |
| | 补充地下水 | 水源补给、防止海水入侵、防止地面沉降 |

注：1. 观赏性景观环境用水与补充地表水在形式上有着一定程度的相似和交叉，需在各自的水质标准中明确各自的适用范围和所针对的对象，使有区别又不致混同。

2. 污水回用的分类不与现行的水质标准完全对应，也不与今后陆续制定的水质标准完全对应。但不同用途的水回用分类项目应有相应的水质标准项目和水质指标。

#### 4.3.3.2　雨水资源利用率

（1）**城市雨水资源利用途径**　城市雨水资源利用可以采用雨水汇集储蓄、雨水渗透两种模式。当降落在不透水的路面、建筑物屋顶等上面时，就采用雨水汇集和储蓄的利用模式。汇集储蓄的雨水可以用于道路浇洒、园林绿化灌溉、市政杂用和工农业生产。降落在透水路面、林地、草地等上面时，就采用雨水渗透的利用模式。下渗雨水用于生态用水、回补地下水等。城市雨水资源利用途径及过程如图 4-3 所示。

（2）**城市雨水资源利用率要求**　推动雨水综合利用，首先要将雨水回收利用设施建设纳入控规体系中，在控规中提出配套建设要求。根据《海绵城市建设绩效评价与考核办法（试行）》要求，雨水收集并用于道路浇洒、园林绿地灌溉、市政杂用、工农业生产、冷却等的雨水总量（按年计算，不包括汇入景观、水体的雨水量和自然渗透的雨水量）与年均降雨量（折算成毫米数）的比值，或雨水利用量替代自来水的比例等，应达到各地根据实际确定的目标。《建筑与小区雨水利用工程技术规范》规定雨水储存设施的有效容积不宜小于集水面重现期 1～2 年日雨水设计径流总量扣除设计初期径流弃流量的值。此外，各地根据当地特点提出了各自城市雨水利用要求：南京的《城市供水和节约用水管理条例》规定占地面积 2 万平方米以上的新建建筑必须建立雨水收集利用系统；北京、武汉等城市规定建筑与小区新建工程硬化屋面面积达到 2000m² 及以上的项目，应配建雨水调蓄设施，达到不小于 30m³/

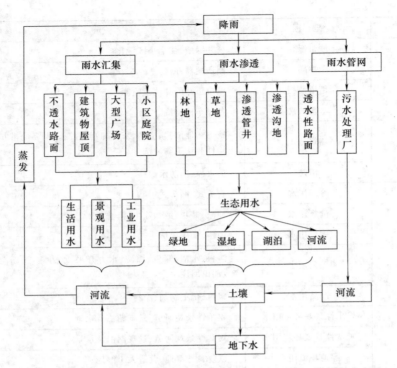

图 4-3 城市雨水资源利用途径及过程

km² 的硬化面积的配建标准。

为了最大化雨水资源利用，需要考虑雨水利用效益。根据城市雨水资源利用效益可分为经济效益、生态效益、社会效益三个方面，各项效益因子见表 4-5。经济效益是指因雨水资源利用而获得的各种直接收益，可以量化为货币单位进行计算。生态效益是指雨水资源利用对生态环境产生影响。社会效益是指雨水资源利用对于社会进步、资源节约等产生的积极影响。

**表 4-5** 城市雨水集蓄利用的效益因子体系

| 效益项目 | 效益因子 |
|---|---|
| 经济效益 | 雨水置换自来水效益 |
|  | 节省城市排水设施费用效益 |
|  | 减少绿地土方回填的费用收益 |
|  | 用于企业生产的产出效益 |
|  | 城市水环境的经济效益 |
|  | 其他经济效益 |
| 生态效益 | 水质效益(包括对地下水和地表水的净化) |
|  | 补充地下水效益 |
|  | 缓解城市地面沉降效益 |
|  | 促进自然生态系统良性循环的效益 |
|  | 其他生态效益 |

续表

| 效益项目 | 效　益　因　子 |
| --- | --- |
| 社会效益 | 提高水资源利用效率 |
| | 增加就业机会 |
| | 城市水文化功能 |
| | 构建生态环境和谐社会 |
| | 其他社会效益 |

（3）雨水资源利用对策

① 转变治水观念，科学拦蓄雨洪　随着人口增长、经济发展和城市快速扩张，常规水资源已无法满足日益增长的用水需求。水资源短缺不仅制约社会发展，水资源开发本身也需要消耗很多社会成本。转变治水观念，科学拦蓄雨洪加以合理利用，把雨水利用变成缓解未来水资源短缺问题的自觉行为和战略举措，对于促进社会经济和谐发展具有重要意义。

② 加快工程治理，充分发挥水利工程效益　充分利用现有水利工程，通过对河道、洼淀泥沙进行清淤，在雨水资源时空分布比较集中的区域，采用较大的水利工程拦蓄雨水，充分积蓄雨水。在公路两旁规划绿色植物景观带，既可拦蓄雨水，涵养水源，又可防止水土流失，形成良好的水循环环境。

③ 建立有效的资金投入机制　雨水利用需要全社会共同参与，可采取政府投资、企业投入、用水户参与相结合的方法，多渠道解决雨水利用的资金投入。

a. 政府投资：可以在城市建设环城水系、景观带，修建道路应有渗透雨水设计，使雨水能渗入地下或进行地下雨水储蓄；

b. 企业投入：可以鼓励建筑规模较大的企业或住宅小区建设湖面、集水池等，确保雨水资源科学利用。

### 4.3.3.3　管网漏损控制率

（1）供水管网漏损现状　根据国家统计局 2015 年的统计数据，我国人均水资源量为 1998$m^3$，仅相当于世界平均水平（约 8800$m^3$）的 1/4，并且空间分布极不均衡。在全国 600 多个城市中，64％的城市存在缺水问题，其中 17％的城市严重缺水。近年来，我国城镇供水管网平均漏损率为 18％左右，与漏损控制比较好的发达国家和城市相比，仍存在较大差距，节水潜力巨大。

（2）供水管网漏损率控制要求　2015 年 4 月，国务院发布的《水污染防治行动计划》（国发〔2015〕17 号）中提出：着力节约、保护水资源，加强城镇节水。到 2017 年，全国公共供水管网漏损率控制在 12％以内，到 2020 年，控制在 10％以内。

《城镇供水管网漏损控制及评定标准》（CJJ 92—2016）中的规定基本同以上国务院的要求，将城镇供水管网基本漏损率分为两级，一级为 10％，二级为 12％，且要求到 2017 年全国公共供水管网基本漏损率达到二级标准，到 2020 年达到一级标准。

《海绵城市建设绩效评价与考核办法（试行）》要求：供水管网漏损率应不高于 12％，控规中应在水量预测、管径选择方面与该标准相一致。

（3）控制管网漏损率的措施　严格执行有关标准，加强出厂水的计量管理，保证计量的准确性和可靠性；加强供水管网管理，保证施工质量，最大限度地减少因工程施工质量问题造成的管道漏失；合理选择检漏方法，对可能造成漏失的管网附属设施及时检修更换；加强用水管理，建立供水稽查制度，强化售水的计量管理，根据用户的用水性质和水量，合理配置计费水表的口径，既要保证水压、水量，又要保证不丢失水量，防止超越出流损失。

### 4.3.4 水安全指标

#### 4.3.4.1 城市洪涝防护水文控制指标

我国海绵城市建设，现阶段关注的重点是如何应对快速城镇化进程中城市水灾害加剧、水环境污染、水资源短缺与水生态系统退化等问题。水文控制指标体系的合理制定对综合治理措施、优化选择与实施顺序的优化安排具有重要的导向作用，并将极大影响到海绵城市建设预期目标的实现。美国在这方面的经验可以作为参考，在近半个世纪的城市雨洪管理实践中，美国整合出一套水文控制指标体系，包括维持河湖湿地基流与地下水补给的入渗控制指标、减少雨洪面源污染的水质控制指标、防止河道侵蚀的水土侵蚀控制指标以及避免小量级洪涝和减轻极端洪涝灾害的洪水控制指标。美国各州目前常用的水文控制指标大致分为 6个量级，以美国芝加哥市的降雨频率曲线为底图展示了该水文控制指标体系和降雨频率的关系，如图 4-4 所示。每个控制指标侧重于解决城市化所引起的一个至多个特殊问题。图 4-4显示，对于 0～25mm 的降雨，城市雨洪管理的基本指标是保持城市化之前的降雨下渗水量。随着降雨量的增大，雨洪管理指标随之移向控制面源污染、水土流失及保护河湖生态、减少常见洪灾，直至极端洪水和超标准洪水的管理。水文控制指标分为径流总量控制、径流峰值控制和峰值持续时间控制等。该体系中前 3 个控制指标旨在控制径流总量，主要侧重于保护水环境；后 2 个指标旨在控制径流峰值，以减少城市及下游地区的洪涝灾害；最后的预警预报指标属非工程措施范畴。

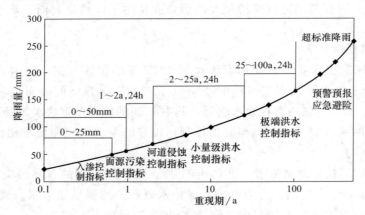

图 4-4 城市雨洪管理控制指标体系

（1）**小量级洪水控制指标** 小量级洪水是指河流满槽后漫流入附近洪泛区或造成城市排水管网尾水顶托，引起局部洪涝的洪水。这类洪水的控制目的是减少城市化对满岸洪水的影响，保护城市排水系统与其他基础设施及沿河涉水建筑物，减少城市及下游局部洪涝损失。主要方法是在流域尺度控制每个开发区所导致的洪峰流量及流速增加。

常用的小量级洪水控制指标为：①10 年一遇、24h 降雨的径流峰值与开发前等同；②10 年和 25 年一遇、24h 降雨的径流峰值与开发前等同；③25 年一遇、24h 降雨的径流峰值与开发前等同；④10～25 年一遇、24h 的径流峰值与开发前等同；⑤根据城市与下游洪水风险评估而定。洪水重现期的具体选择主要由地区特性和经济因素而定，如洪水特征、城市排水系统、涉水建筑物及其他主要基础设施的洪水设计标准、该地区和下游影响区的淹没水深与经济损失曲线特征等。在一些经济与资产不是高度集中的地区常采用 10 年一遇的控制标准。研究显示，控制 10 年一遇的洪峰值可以将 25 年一遇的洪峰值削减 70%～80% 之多，而控制 10 年一遇的洪峰值所需的蓄滞容积远远低于控制 25 年一遇的洪峰值所需的蓄滞容积。

2014 年 2 月，北京市《雨水控制与利用工程设计规范》中提出，在实施 LID 措施的基础上，新开发场地"每千平方米硬化面积配建 30m³ 的雨水调蓄设施，可控制 33mm 厚度的降雨"。2014 年 10 月发布的《海绵城市建设技术指南——低影响开发雨水系统构建（试行）》中提出："借鉴发达国家实践经验，年径流总量控制率最佳为 80%～85%。"上述 2 个文件中提出的径流总量控制指标和美国的水环境保护控制指标相似，属于小量级降雨控制。

（2）极端洪水控制指标　极端洪水控制的主要目的为：①保持开发前 100 年一遇洪水的淹没范围；②减少极端洪水所造成的生命与财产损失；③保护城市防洪排涝设施及其他基础设施。在美国许多州及地区均要求开发后 100 年一遇、24h 降雨的洪峰值不超过开发前的相应洪峰值，控制措施包括大型蓄滞和洪泛区管理。由于这项控制指标需要很大的蓄滞容积，且投资巨大，有些社区也在探索其他备选措施，如美国的明尼苏达州提出以下 2 种备选方法：

① 通过禁止在 100 年一遇的洪泛区内开发，来取代极端洪水控制中常用的大型蓄滞。除此之外，新开发的地区还要通过数值模拟证明，开发后的径流峰值不会对下游河道涉水结构和下游 100 年一遇洪泛区内的建筑、结构和其他基础设施构成潜在风险。

② 极端洪水控制指标由下游洪水风险模拟而定，即洪水控制指标以下游能接受的条件为准。由于河流沿岸每个子流域的洪峰流入河流的时间不同，有时下游蓄滞延迟了径流汇入河流时间，有可能和上游洪峰相遇，造成洪峰叠加，反而加大洪峰。大型蓄滞应从流域尺度综合考虑，充分利用上蓄下排、削峰错峰以及河道的蓄滞能力，减少流域整体蓄滞容积。如果开发区处于流域末端接近河流的地方，不应考虑场地蓄滞。场地蓄滞推迟的洪峰有可能和上游洪峰相遇叠加，造成更大洪水。此外，如果开发区径流直接排入海洋、水库或 5 级以上的大江大河，极端洪水控制要求也可以不再考虑。

此外，许多地区试图恢复洪泛区的多种功能，其中之一就是极端洪水蓄滞。如美国休斯敦市要求尽可能在洪泛区修建地表蓄滞池，并在河道与蓄滞池之间修建连通道。其他地区在河岸附近修建多用途开放空间，如足球场、公园、休闲娱乐空间等，在极端洪水时可起到削峰作用。

#### 4.3.4.2　城市暴雨内涝灾害防治

（1）城市暴雨内涝灾害控制要求　暴雨是指降水强度很大的雨，常在积雨云中形成。中国气象局规定，每小时降雨量为 16mm 以上，或连续 12 小时降雨量为 30mm 以上、24 小时降水量为 50mm 或以上的雨，称为"暴雨"。

《海绵城市建设绩效评价与考核办法（试行）》要求：历史积水点彻底消除或明显减少，或者在同等降雨条件下积水程度显著减轻，城市内涝得到有效防范，达到《室外排水设计规范》规定的标准。海绵城市管渠的建设标准、内涝防治标准应达到《室外排水设计规范》的要求，城市防洪应达到《防洪标准》的要求，具体建设内容包括河湖水系堤坝建设、低影响开发措施（透水铺装、下沉式绿地、雨水调蓄利用等）和管渠建设等，这些均需在控规的市政排水规划、地块开发控制和蓝线规划中进行控制或提出建设要求。

（2）城市暴雨内涝灾害减轻策略

① 认真编制城市排水（雨水）防涝综合规划。按照国务院和住建部的要求，要在摸清现状基础上，编制完成城市排水防涝设施建设规划，完成排水管网的雨污分流改造，建成较为完善的城市排水防涝工程体系。

② 按照《城市排水（雨水）防涝综合规划编制大纲》要求，依据三个相关标准，采取综合措施，实现规划目标。三个标准是：a. 雨水径流控制标准。要求根据低影响开发理念，结合城市地形地貌、气象水文、社会经济发展等情况，合理确定城市雨水径流量控制、源头削减标准以及城市初期雨水污染治理标准；在城市开发建设过程中，应最大程度减少对城市原有水系统和水环境的影响，新建地区综合径流系数应按不对水生态造成严重影响原则确定，一般不宜超过 0.5；旧城改造后的综合径流系数不得超过改造以前，不得增加既有排水防涝设施的额外负担；新建地区的地面，应有 40% 以上为透水性地面。b. 雨水管渠、泵站及附属设施规划设计标准。要求城市管渠和泵站的设计标准、径流系数等设计参数应根据现行《室外排水设计规范》（GB 50014）的要求确定。其中，径流系数应该按照不考虑雨水控制设施情况下的规范规定取值，以保障系统运行安全。c. 城市内涝防治标准。要求通过采取综合措施：直辖市、省会城市和计划单列市（36 个大中城市）中心城区能有效应对不低于 50 年一遇的暴雨；地级城市中心城区能有效应对不低于 30 年一遇的暴雨；其他城市中心城区能有效应对不低于 20 年一遇的暴雨；对经济条件较好且暴雨内涝易发的城市可视具体情况采取更高的城市排水防涝标准。

《城市排水（雨水）防涝综合规划编制大纲》明确规划的目标是：a. 发生城市雨水管网设计标准以内的降雨时，地面不应有明显积水；b. 发生城市内涝防治标准以内的降雨时，城市不能出现内涝灾害（各地可根据当地实际，从积水深度、范围和积水时间三个方面，明确界定内涝）；c. 发生超过城市内涝防治标准的降雨时，城市运转基本正常，不得造成重大财产损失和人员伤亡。实现上述目标，关键是采取综合措施，包括蓄、滞、渗、用、排等多种方案及其组合，如：城市排水防涝设施改造；河湖水系整治和排水出路拓展；利用下沉式绿地、植草沟、种植屋面、人工湿地和下沉式广场、运动场、停车场等场地蓄、滞雨水；新建地区的地面应有 40% 以上为透水性地面；建设地下水库、地下河、高层建筑物的地下蓄水空间等地下调蓄设施；收集雨水并经过简单处理后，用于浇灌绿地、洗车和清洁道路；雨污分流；雨水资源化利用；建立城市排水防涝数字信息化管控平台等。

③ 制定暴雨灾害应急预案，提高全民防涝减灾意识，提高应急处置能力，建设有信息、有组织、有训练的防灾社区。包括：大力宣传防御暴雨灾害知识；制订全市整体暴雨灾害应急预案，各个部门协调实施；及时将暴雨信息，如降雨预报、道路积水、交通拥堵等情况及时通达公众，使其避开受灾地段；在可能积水或已经积水的低洼地段，设置醒目标志，配置排涝设备，加强巡护，避免驾车误入；平时检查暴雨时电线杆是否会倒塌，电线是否会落地，以避免行人遭雷击；检查暴雨时老旧房屋是否会倒塌伤人，并及时做出处置等。

### 4.3.4.3 饮用水安全

（1）饮用水安全保障面临的问题　饮用水水源水质水量保障、供水系统的稳定运行以及末梢水的严格管理和使用，构成我国饮用水安全保障工作的三大环节。近年来，环境保护部门在有关部门和地方各级政府的大力支持下，先后开展了全国城市、城镇和乡镇集中式饮用水水源基础环境调查及评估工作。调查结果表明，目前饮用水安全保障工作仍面临严峻形势。

① 我国水环境安全仍然面临威胁　《2017 中国生态环境状况公报》显示：全国地表水 1940 个国控水质断面中，优良水质断面比例仅为 67.9%；地下水 5100 个水质监测点位中，优良级、良好级、较好级、较差级和极差级点位分别占 8.8%、23.1%、1.5%、51.8% 和 14.8%，较差水质占比较大；地级及以上城市 898 个在用集中式生活饮用水水源水质监测断面（点位）中，有 813 个全年水质均达标，仍有约 10% 未达标。除此以外，部分湖库和河流水华频繁发生。

② 饮用水水源水质安全依然不容乐观　城镇集中式饮用水水源地的水质调查显示，有近 20% 的水源存在污染物超标现象。饮用水水源地的环境管理还仅限于主要污染物，有毒有机污染物的监测与管理在个别地方尚未完全纳入工作范围。

③ 水源地环境监管有待加强　个别地方饮用水水源保护区划分不科学、管理不严格；个别地方执法能力欠缺、配套管理制度不健全，执法难的问题依然存在；个别地方环境监测能力薄弱，难以满足饮用水水源环境管理的需求；个别地方环境管理队伍人员不足、能力不强的问题依然存在。此外，饮用水安全保障法规政策及标准规范体系建设工作也亟待全面加强。

（2）饮用水水质的相关标准要求

① 饮用水水源地水质达到国家标准要求。以地表水为水源的，一级保护区水质达到《地表水环境质量标准》Ⅱ类标准和饮用水源补充、特定项目的要求，二级保护区水质达到《地表水环境质量标准》Ⅲ类标准和饮用水源补充、特定项目的要求。以地下水为水源的，水质达到《地下水质量标准》Ⅲ类标准的要求。在控规中应对水源一级保护区、二级保护区的建设项目提出控制要求。

② 自来水厂出厂水、管网水和龙头水达到《生活饮用水卫生标准》的要求。

③ 集中式供水单位的卫生要求应按照卫生部《生活饮用水集中式供水单位卫生规范》执行。

④ 二次供水的设施和处理要求应按照《二次供水设施卫生规范》执行。

（3）饮用水安全保障的措施

① 强化监督检查、明确评估考核　包括建立检查和上报机制、加强环境监测和监督管理、建立规划实施评估机制、建立和完善考核机制。

② 完善法规标准、加强执法管理　要求建立和完善饮用水水源地保护法律法规体系，加快地方配套法律法规体系建设，尽快研究制定"饮用水安全保障条例"，使饮用水水源环境保护有法可依、有章可循。

③ 重视科学研究、增强技术支持　针对目前饮用水水源环境管理及保护相关研究滞后于水源保护需求的现状，必须充分重视和发挥科技进步对饮用水水源地生态环境改善的支撑作用，在科技创新的基础上，进一步强化管理的科学性，实现高效的饮用水安全管理。

④ 保障资金投入、拓展融资渠道　积极拓展融资渠道，创新融资机制。督促、引导地方各级政府、企业、市场及中央补助等多方面加大水源保护投入，使饮用水水源规划项目建设资金得到有效保障，优先对保护区划分后因保护水源而实施清拆关停的项目给予投资政策倾斜。

⑤ 加强舆论监督、鼓励公众参与　充分发挥新闻媒体的舆论监督和引导作用，广泛开

展宣传教育，提高公众的饮用水水源环保意识和法制观念，加强公众对饮用水水源地监督管理的参与意识。充分利用报纸、网络等多种媒体，定期向社会公布饮用水水源地水环境状况，搭建公众参与和监督水源保护的信息平台，确保信息渠道畅通。

# 4.4 制度建设及执行

制度建设主要为蓝线、绿线的划定与保护。在控规中划定蓝线、绿线，提出相应的海绵城市建设要求和管理规定，包括绿线内弃流池、集蓄池、下沉式绿地和生态岸线控制的建设要求等。

## 4.4.1 规划建设管控制度

### 4.4.1.1 管控体系建立的基本要求

规划管控在海绵城市建设中具有十分重要的作用，海绵城市的规划管控，具体来说可以分为两部分内容：一是"控"，主要体现在规划编制中；二是"管"，主要体现在规划管理中。参照国内外的成功经验，各地应根据自身情况制订各自的海绵城市规划管控体系，但是应达到如下基本要求：

① 系统化　系统规定规划编制和规划管理中的要求，形成体系。

② 全程化　实现控规指标、土地出让、一书两证发放、施工许可、竣工验收等全过程管理。

③ 制度化　管控要求要制度化，作为各地相关行政主管部分管理的依据。

④ 数据化　规划管控制度的核心是标准要求。

⑤ 定量化　提出的指标要易于量化和考核。

⑥ 模型化　规划管控过程中要建立本地的计算模型，尤其是对年径流总量控制率的计算模型，确保每个地块都可以被核算。

⑦ 可视化　最好建立起可视化管控平台。

### 4.4.1.2 规划建设全周期管控

打造海绵城市，需从规划到建设全周期管控，以落实海绵城市建设要求，如图 4-5 所示。

在规划编制中，编制或修编城市水系统（包括城市供水、节水，污水处理及再生利用，排水防涝、防洪，城市水体等）、园林绿地系统、道路交通系统等专项规划，落实海绵城市建设相关要求，并与城市总体规划相协调。

在标准要求中，应制定详细的指标，且新建区和改建区指标应有所区别，工业厂房、公共建筑、商业区和居住小区指标应该不同，积水严重地区和水环境问题严重地区指标也应该不同。各地应根据自身情况，细化规划管控目标。

从规划的编制方面来说，要在现有规划体系下，通过制订本地的规划设计指南或者规划设计导则，合理地把海绵城市规划的内容融合进去。

### 4.4.1.3 海绵城市规划管控体系要求

（1）总体规划　总体规划中的海绵城市包括：城市定位，突出绿色、生态内容；四

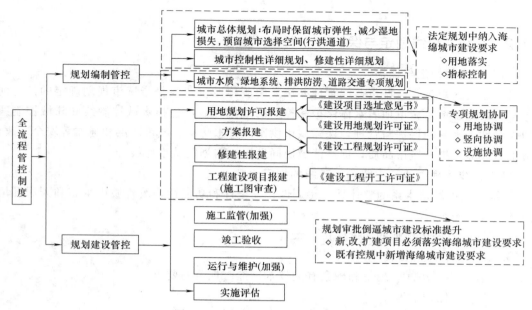

图 4-5　从规划到建设的全周期管控

区规划时，严格保护山、水、林、田、湖等大海绵；规划指标体系构建时，应纳入天然水面保持量、径流总量控制率等指标；用地布局时，水敏感性较高地区优先布局为公园、绿地；蓝线划定时，应落实水系保护要求，严防被侵占、填埋；河湖水系保护、修复与新建时，应识别需要修复和开发的水系，并落实用地；排水规划时，应增加海绵城市的内容。

（2）控制性详细规划　城市建设中具有至关重要作用的是控制性详细规划。必须将"海绵城市"建设的要求纳入控规的控制指标中。控规中要明确蓝线、绿线定位，将雨水径流控制指标落实到地块上，确保总规中的要求刚性向下传递。在修建性详细规划阶段，要明确设施组合方式、设施规模和空间布局。

（3）水系规划　水系规划应明确水系保护范围，划定水生态敏感区范围并加强保护，确保开发建设后的水域面积应不小于开发前，已破坏的水系统应逐步恢复原有的水系。保持城市水系结构的完整性，优化城市河湖水系布局。优化水域、岸线、滨水区及周边绿地布局，明确低影响开发控制指标。

（4）绿地系统规划　绿地系统规划应提出不同类型绿地的低影响开发控制目标和指标，合理确定城市绿地系统低影响开发设施的规模和布局，确保绿地与周边汇水区域有效衔接。规划方案应符合园林植物种植及园林绿化养护管理技术要求，合理设置预处理设施，充分利用多功能调蓄池调控排放径流雨水。

（5）排水防涝规划　排水防涝规划应明确低影响开发径流总量控制目标与指标，确定径流污染控制目标及防治方式，明确雨水资源化利用目标及方式，注重城市雨水管渠系统与超标雨水径流排放系统有效衔接，优化低影响开发设施的竖向与平面布局，合理规划河湖水系的开挖。

（6）道路交通规划　道路交通规划应提出各等级道路低影响开发控制目标，协调好道路红线内外用地布局与竖向，体现低影响开发设施。

### 4.4.2　蓝线、绿线划定与保护

#### 4.4.2.1　蓝线的划定与保护

（1）蓝线的划定　《城市蓝线管理办法》中所称城市蓝线是指城市规划确定的江、河、湖、库、渠和湿地等城市地表水体保护和控制的地域界线，包括水域控制线和陆域控制线。为加强对城市水系的保护与管理，保障城市供水、排水防涝、城市防洪和通航等安全，改善城市生态环境，提升城市品质，促进区域协同发展，需划定城市蓝线。

《城市蓝线管理办法》中明确了蓝线的划定原则：

① 统筹考虑城市水系的整体性、协调性、安全性和功能性，改善城市生态和人居环境，保障城市水系安全。

② 与同阶段城市规划的深度保持一致。

③ 控制范围界定清晰。

④ 符合法律、法规的规定和国家有关技术标准、规范的要求。

（2）蓝线的保护措施

① 禁止违反城市蓝线保护和控制要求的建设活动。

② 禁止擅自填埋、占用城市蓝线内的水域。

③ 禁止擅自建设各类排污设施。

④ 县级以上地方人民政府建设主管部门（城乡规划主管部门）应该定期对城市蓝线管理情况进行监督检查。

⑤ 违反本办法规定，在城市蓝线范围内进行各类建设活动的，应按照相关法律、法规的规定进行处罚。

#### 4.4.2.2　绿线的划定与保护

（1）绿线的划定　《城市绿线管理办法》中所称城市绿线是指城市中各类绿地范围的控制线。城市各类绿化用地涵盖了城市所有绿地类型，包括公园绿地、生产绿地、防护绿地、附属绿地等。城市整体的绿地系统，特别是道路两侧、河岸、湖岸、海岸、山坡、绿化隔离带、公园绿地、传统园林、风景名胜区和古树名木都应纳入"绿线管制"范围。绿线的划定是一个系统的过程，贯穿于城市总体规划和详细规划的全过程。

《城市绿线管理办法》中明确了绿线的划定原则：

① 调查分析原则；

② 以总体布局为指导的原则；

③ 符合各专业规范的原则。

城市总体规划阶段的绿线划定以规划总图为依据，以道路系统规划为基础。绿线划定时应考虑主要的系统影响因素。由于图纸表现和图纸比例的原因，绿线划定不宜太详细，对道路两侧绿线可做原则上的界定，提出宽度的具体数值。对面积较大的公园绿地，规划应在图纸上明确划定绿线位置，并在文字中对其位置和面积做详细说明。对面积较小、分布较广的街头绿地，总体规划阶段不宜划定绿线范围，可在文本中规定其面积和大体位置，以后在详细规划阶段确定其具体准确位置，其位置较之总体规划可稍做调整，但城市整体的绿地率指标应不受影响。

（2）绿线保护措施　《城市绿线管理办法》规定，凡是城市绿线范围内的用地，只能用

于建绿地，不得违规进行开发建设。因建设或者其他特殊情况，需要临时占用城市绿线内用地的，必须依法办理相关审批手续。绿线范围内不符合规划要求的建筑物、构筑物及其他设施都要限期迁出。

### 4.4.3　技术规范与标准建设

#### 4.4.3.1　相关规范

① GB 50788—2012《城镇给水排水设计规范》

② GB 50014—2006《室外排水设计规范（2016 版）》

③ GB 50015—2003《建筑给水排水设计规范》

④ GB 50400—2016《建筑与小区雨水控制及利用工程技术规范》

⑤ GB 50318—2017《城市排水工程规划规范》

⑥ GB 50336—2018《建筑中水设计标准》

⑦ GB 50420—2007《城市绿地设计规范》

⑧ GB 3838—2002《地表水环境质量标准》

⑨ GB 50141—2008《给水排水构筑物施工及验收规范》

⑩ GB 50268—2008《给水排水管道工程施工及验收规范》

⑪ GB 50204—2015《混凝土结构工程施工质量验收规范》

⑫ GB/T 50596—2010《雨水集蓄利用工程技术规范》

⑬ GB/T 18921—2002《城市污水再生利用　景观环境用水水质》

⑭ GB/T 18920—2002《城市污水再生利用　城市杂用水水质》

#### 4.4.3.2　相关文件

①《关于做好城市排水防涝设施建设工作的通知》（国办发〔2013〕23 号）

②《住房和城乡建设部关于印发城市排水（雨水）防涝综合规划编制大纲的通知》（建城〔2013〕98 号）

③《海绵城市建设技术指南——低影响开发雨水系统构建（试行）》（建城函〔2014〕275 号）

④《关于做好海绵城市建设试点工作的通知》（财政部、住建部、水利部，2015 年）

⑤《海绵城市建设绩效评价与考核办法（试行）》（建城函〔2015〕635 号）

### 4.4.4　投融资机制建设

海绵城市建设是一项政府为了确保公共利益、优化提高公共服务水平而进行防洪水、保供水、促节水的宏伟工程，是涉及水生态、水资源、水环境、水安全、水文化的惠民工程，是打造城市宜居环境、提高居民生活品质的一项公共建设服务，属于政府应该提供的公共产品和服务的范围。我国海绵城市项目建设中存在的主要问题是资金不足，应用 PPP 融资模式可以加大对私人投资的吸引力度，减轻公共财政的压力。

（1）PPP 模式的含义　公私合作模式（public-private partnership，PPP）主要指政府部门与私人企业建立合作关系来提供公共设施建设或者服务。这种模式能够促使政府部门与私人企业的有效结合，充分发挥政府部门的政策制定优势和私人企业的技术经验优势，以实现社会资源的最优化配置和企业利润最大化的目标。PPP 模式应用在海绵城市设施建设项目中，其优势显而易见，包括可以拓宽资金来源、缓解政府财政压力、化解地方政府性债务风险、推动政府职能转变、提高资金使用效率、改善公共物品供给效益等。

（2）项目 PPP 融资模式的优势　与传统的以企业资信为基础的企业融资相比，在基础设施领域项目 PPP 融资模式具有以下优势：

① 为社会效益突出、经济效益不足的"准经营性项目"提供融资。海绵城市基础设施项目具有公益性，项目自身经济效益不足是项目融资的最大障碍，除政府以外，一般情况下没有人对这类项目的投资有积极性。采用 PPP 融资模式可以通过政府对项目的扶持来提高项目的经济强度，降低项目风险，维护投资者和贷款方的利益，使项目融资成为可能。

② 为政府减轻预算压力和债务负担。多数国家对于政府预算的规模以及政府借债的种类和数量均有严格的规定，这些规定限制了政府在金融市场上安排贷款的能力。通过 PPP 融资政府可以较为灵活地处理债务对政府预算的影响，这样政府不是以直接投资者和借款人的身份介入项目，而是以为项目提供扶持措施的方式来组织融资，既解决了项目建设资金的需求，又避免了政府直接举债，这种做法已在许多国家的公共建设项目中得到了应用。

③ 为超过项目投资者自身筹资能力的大型项目提供融资。海绵基础设施项目投资额度一般较大，一些大型海绵城市项目投资金额往往达几亿甚至上百亿元，项目的投资风险往往超出了项目投资者所能够和所愿意承受的程度。采用传统的公司融资方式，将没有人敢参与这类项目的投资，因为一旦项目出现问题，投资者所受到的损失将不仅仅是项目中的投入，还会牵涉其他的业务和资产，甚至会导致破产。项目 PPP 融资利用项目自身的资产价值、现金流量和政府给予的扶持措施安排有限追索贷款，使得为这类项目安排资金成为可能。

### 4.4.5　绩效考核与奖励机制

（1）绩效考核　政府部门将制定明确、易计量、可监测的考核指标，根据企业完成情况进行付费。海绵城市项目的绩效考核体系是保障项目成功的核心要素，也是最难以制定的内容，必须根据项目特点以及水系统综合方案"量身定制"。从项目经验来看，合理的绩效考核体系应充分考虑流域和项目边界的划分、海绵城市整体建设项目的拆分和打包等，并根据水环境提升的长期性影响综合考虑运营期与试运营期的时间、达标难度、主要考核指标、监测点等绩效考核体系。因此，将年径流总量控制率、水环境质量状况、排水防涝标准、污水再生利用及雨水利用、漏损控制等作为海绵城市建设的绩效考核目标。

（2）奖励机制

① 全面完善政府和社会资本的合作模式，明确各方承担责任体系，通过资金补贴、政策优惠、特许经营等多种形式，激励企业组建专项项目公司，参与海绵城市建设和管理运营。

② 政府应该保证海绵城市 PPP 模式建设项目的竞标流程公开、透明，企业间竞争要公平、诚实，让企业感受到公平的竞争环境，以此激励企业积极参与海绵城市的建设，选择最具实力的投资人。

## 4.5　海绵城市目标指标分解

　　根据海绵城市——低影响开发雨水系统构建技术框架，各地应结合当地水文特点及建设水平，构建适宜并有效衔接的低影响开发控制指标体系。低影响开发雨水系统控制指标的选择应根据建筑密度、绿地率、水域面积率等既有规划控制指标及土地利用布局、当地水文和水环境等条件合理确定，可选择单项或组合控制指标，有条件的城市（新区）可通过编制基于低影响开发理念的雨水控制与利用专项规划，最终落实到用地条件或建设项目设计要点中，作为土地开发的约束条件。低影响开发控制指标及分解方法如表 4-6 所列。

表 4-6　低影响开发控制指标及分解方法

| 规划层级 | 控制目标与指标 | 赋值方法 |
|---|---|---|
| 城市总体规划、专项（专业）规划 | 控制目标：年径流总量控制率及其对应的设计降雨量 | 通过当地多年日降雨量数据统计分析得到年径流控制率及其对应的设计降雨量 |
| 详细规划 | 综合指标：单位面积控制容积 | 根据总体规划阶段提出的年径流总量控制率目标，结合各地块绿地率等控制指标，参照式 $V = 10H\varphi F$ 计算各地块综合指标——单位面积控制容积 |
| | 单项指标：<br>(1)下沉式绿地率及其下沉深度；<br>(2)透水铺装率；<br>(3)绿色屋顶率；<br>(4)其他 | 根据各地块的具体条件，通过技术经济分析，合理选择单项或组合控制指标，并对指标进行合理分配。指标分解方法：<br>方法 1：根据控制目标和综合指标进行试算分解<br>方法 2：模型模拟 |

　　注：1. 下沉式绿地率＝广义的下沉式绿地面积/绿地总面积。广义的下沉式绿地泛指具有一定调蓄容积（在以径流总量控制为目标进行目标分解或设计计算时，不包括调节容积）的可用于调蓄径流雨水的绿地，包括生物滞留设施、渗透塘、湿塘、雨水湿地等；下沉深度指下沉式绿地低于周边铺砌地面或道路的平均深度，下沉深度小于 100mm 的下沉式绿地面积不参与计算（受当地土壤渗透性能等条件制约，下沉深度有限的渗透设施除外），对于湿塘、雨水湿地等水面设施是指调蓄深度。

　　2. 透水铺装率＝透水铺装面积/硬化地面总面积。

　　3. 绿色屋顶率＝绿色屋顶面积/建筑屋顶总面积。

　　有条件的城市可通过水文、水力计算与模型模拟等方法对年径流总量控制率目标进行逐层分解；暂不具备条件的城市，可结合当地气候、水文地质等特点，汇水面种类及其构成等条件，通过加权平均的方法试算进行分解。

　　控制目标分解方法如下：

　　① 确定城市总体规划阶段提出的年径流总量控制率目标，即年径流总量控制率及其对应的设计降雨量。

　　② 根据城市控制性详细规划阶段提出的各地块绿地率、建筑密度等规划控制指标，初步提出各地块的低影响开发控制指标，可采用下沉式绿地率及其下沉深度、透水铺装率、绿

色屋顶率、其他调蓄容积等单项或组合控制指标。

③ 计算各地块低影响开发设施的总调蓄容积。计算总调蓄容积时，应综合考虑以下内容：

a. 顶部和结构内部有蓄水空间的渗透设施（如生物滞留设施、渗管/渠等）的渗透量应计入总调蓄容积。

b. 调节塘、调节池对径流总量削减没有贡献，其调节容积不应计入总调蓄容积。转输型植草沟、无储存容积的渗管/渠、初期雨水弃流、植被缓冲带、人工土壤渗滤等对径流总量削减贡献较小的设施，其规模一般用流量法而非容积法计算，这些设施的容积也不计入总调蓄容积。

c. 透水铺装和绿色屋顶仅参与综合雨量径流系数的计算，其结构内的空隙容积一般不再计入总调蓄容积。

d. 受地形条件、汇水面大小等影响，设施调蓄容积无法发挥径流总量削减作用的设施（如较大面积的下沉式绿地，如果受坡度和汇水面竖向条件限制，实际调蓄容积远远小于其设计调蓄容积），以及无法有效收集汇水面径流雨水的设施具有的调蓄容积不计入总调蓄容积。

④ 通过加权计算得到各地块的综合雨量径流系数，并结合上述③得到的总调蓄容积，参照式 $V=10H\varphi F$ 确定各地块低影响开发雨水系统的设计降雨量。

⑤ 对照统计分析法计算出的年径流总量控制率与设计降雨量的关系（或查附录），确定各地块低影响开发雨水系统的年径流总量控制率。

⑥ 各地块低影响开发雨水系统的年径流总量控制率经汇水面积与各地块综合雨量径流系数的乘积加权平均，得到城市规划范围低影响开发雨水系统的年径流总量控制率。

⑦ 重复②～⑥，直到满足城市总体规划阶段提出的年径流总量控制率目标要求，最终得到各地块的低影响开发设施的总调蓄容积，以及对应的下沉式绿地率及其下沉深度、透水铺装率、绿色屋顶率、其他调蓄容积等单项或组合控制指标，并参照式（4-1）将各地块中低影响开发设施的总调蓄容积换算为"单位面积控制容积"作为综合控制指标。特别注意，计算过程中的调蓄容积不包括用于削减峰值流量的调节容积。

⑧ 对于径流总量大、红线内绿地及其他调蓄空间不足的用地，需统筹周边用地内的调蓄空间共同承担其径流总量控制目标时（如城市绿地用于消纳周边道路和地块内径流雨水），可将相关用地作为一个整体，并参照以上方法计算相关用地整体的年径流总量控制率后，参与后续计算。

以上计算方法适用于场地内控制模式的情形，即各地块上的径流雨水单独排放，地块之间没有径流雨水的"分担"，因此可单独计算各个地块的年径流总量控制率，再参照上述步骤⑦中的公式通过加权平均计算得到规划区域的年径流总量控制率。而对于场地外控制模式，由于某个地块中的雨水设施承担了其他地块上的径流雨水，即地块之间存在径流雨水的"分担"，若仍按照以上方法进行计算，易造成计算结果与实际偏差较大，较为合理的处理方法是：将相关地块作为一个整体，并参照上述步骤①～⑥得到其整体的年径流总量控制率后，再参照步骤⑦中的公式加权平均计算得到规划区域的年径流总量控制率。对于规划区域内绿地空间或其他调蓄空间充足的地块，可根据总体规划阶段提出的年径流总量控制率对应的设计降雨量，参照上述步骤⑤中的公式直接计算各地块的各单项控制指标及综合控制指标，有条件的还可考虑接纳周边地块的径流雨水。

# 思　考　题

1. 城市规划控制的基本内容有哪些方面？控制方式有哪些？
2. 水生态分项指标包括哪些？其对应的具体设施有哪些要求？
3. 城区面源污染控制的对策主要包括哪些方面？
4. 简述城市雨水资源利用途径和政策。
5. 城市洪涝防护水文控制指标有哪些？各自控制的目的是什么？
6. 制定海绵城市规划管控体系应达到哪些基本要求？
7. 什么是 PPP 融资模式？它的特点是什么？
8. 简述低影响开发控制指标的分解方法。

# 第5章

# 海绵城市规划设计

## 5.1 海绵城市规划体系构成

根据《城市规划编制办法》，城市规划是政府调控城市空间资源、指导城乡发展与建设、维护社会公平、保障公共安全和公众利益的重要公共政策之一。编制城市规划，应当以科学发展观为指导，以构建社会主义和谐社会为基本目标，坚持五个统筹，坚持中国特色的城镇化道路，坚持节约和集约利用资源，保护生态环境，保护人文资源，尊重历史文化，坚持因地制宜确定城市发展目标与战略，促进城市全面协调可持续发展。海绵城市建设通过城市空间资源的合理利用和排水、防洪、道路等基础设施的合理配置得以实现，如图 5-1 所示。

海绵城市建设是一个复杂的系统，其建设应从城市规划的源头着手，将海绵城市理念融入到城市各层级规划中，涉及规划、园林、水利、市政、道路等多部门、多专业之间的相互协调运作，如图 5-2 所示。海绵城市理念下的新型城市规划方法对设计人员的要求已远远超过了传统城市规划专业，主要体现在它需要：多规合一，即强调不同专业和部门的协调运作；区域规划，即强调城乡统筹和流域综合治理；新型城市化，即强调以人为本的工作思路；生态文明，即强调绿色理念、科学技术和路径。与营造城市空间的传统规划不同，海绵城市规划关注的是城市与生态环境尤其与水的关系，这就需要打破城市规划、园林、道路、市政等专业的被动配合与有限交互局面，解决不同专业技术协调性的困难。

第一层次是城市总体规划。要强调自然水文条件的保护、自然斑块的利用、紧凑式的开发等方略。还必须因地制宜确定城市年径流总量控制率等控制目标，明确城市低影响开发的实施策略、原则和重点实施区域，并将有关要求和内容纳入城市水系、排水防涝、绿地系统、道路交通等相关专项或专业规划。

第二层次是专项规划，是海绵城市规划的重心，包括城市水系、绿地系统、道路交通等基础设施专项规划。其中，城市水系统规划涉及供水、节水、污水（再生利用）、排水（防涝）、蓝线等要素。绿色建筑方面，由于节水占了较大比重，绿色建筑也被称为海绵建筑，并把绿色建筑的实施纳入到海绵城市发展战略之中。城市绿地系统规划应在满足绿地生态、景观、游憩等基本功能的前提下，合理地预留空间，并为丰富生物种类创造条件，对绿地自身及周边硬化区域的雨水径流进行渗透、调蓄、净化，并与城市雨水管渠系统、超标雨水径流排放系统相衔接。道路交通专项规划，要协调道路红线内外用地空间布局与竖向，利用不同等级道路的绿化带、车行道、人行道和停车场建设雨水滞、渗设施，实现道路低影响开发控制目标。

第三层次是控制性详细规划。分解和细化城市总体规划及相关专项规划提出的低影响开发控制目标及要求，提出各地块的低影响开发控制指标并纳入地块规划设计要点作为土地开发建设的规划设计条件，统筹协调、系统设计和建设各类低影响开发设施。通过详细规划可以实现指标控制、布局控制、实施要求、时间控制这几个环节的紧密协同，同时还可以把顶层设计和具体项目的建设运行管理结合在一起。

第四层次是修建性详细规划。按照控制性详细规划提出的地块径流量控制指标、绿地指标、透水铺装率等，具体设计场地低影响开发设施，如生态湿地、下沉绿地、透水道路、地下蓄水池、屋顶花园等，并合理利用场地内的坑塘水系，根据场地现状选择合适的低影响开发设施组合，进行场地总平面布置和竖向设计，进行工程设施的布置和设计等。

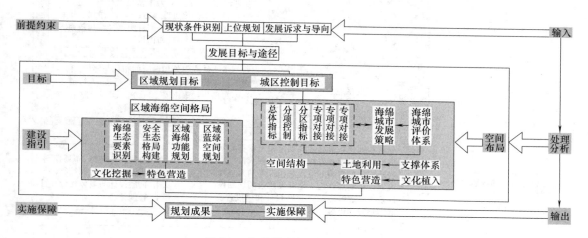

图 5-1　海绵城市规划技术路线图

### 5.1.1　城市总体规划中的海绵城市规划

总体规划阶段海绵城市规划方法如图 5-3 所示。进行城市总体规划时首先做好在规划前期对各种相关资料的收集、整理、分析，结合现状调研，开展对城市各要素的专题研究。如对城市水环境、生态保护、产业发展等的专题研究，区域生态环境、经济社会发展等的专题研究，生态城市、智慧城市等的专题研究。在开展专题研究的基础上对城市水资源承载力进行评估，依据自然现状条件，确定城市的发展目标和方向，明确城市在区域发展中的主要职能和性质，确定城市规划范围等。依据对城市的定位，确定海绵城市（城市低影响开发）设施原则、策略和要求，明确城市雨水总体控制目标等。通过城市道路、绿地、水系、竖向等相关专项规划的协调，落实海绵城市建设要求，划定城市蓝线、绿线，确定海绵城市建设区域，指导低影响开发设施的空间布局、控制目标的制定等。最后，确定城市用地布局和规划结构等，以水系或绿道为构架组织城市的空间结构和功能分区，明确城市的用地性质和重大设施的布局，同时对海绵城市的规划管控、建设时序等作出要求。城市的总体规划还应统筹流域综合开发和治理，处理好城市小排水系统和河流大排水系统、城市点源污染和流域面源污染的关系，确保城市水安全，从根本上解决城市上下游洪涝、污染问题。尊重自然规律，修复城市原有湿地、河流、绿地等生态系统，渗、滞、蓄、排结合，进而实现城市的生态排水。

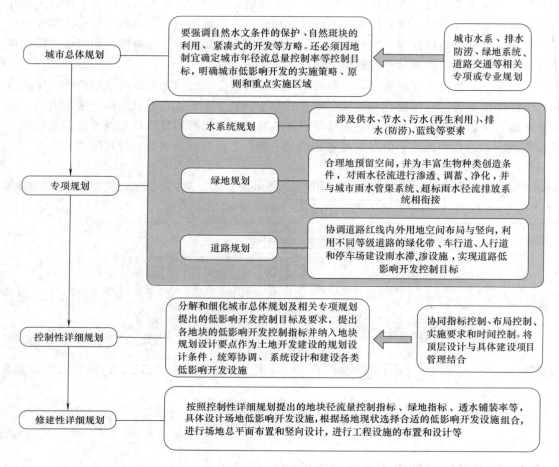

图 5-2　海绵城市建设规划层次图

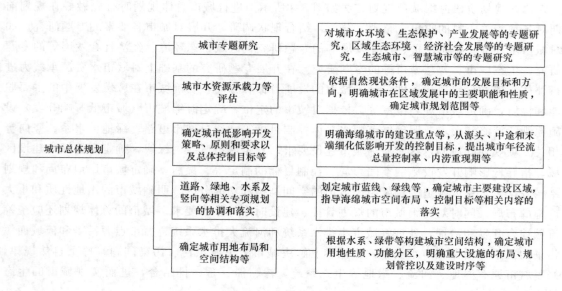

图 5-3　总体规划阶段海绵城市规划方法

### 5.1.2　城市控制性详细规划中的海绵城市规划

控制性详细规划阶段海绵城市规划方法如图 5-4 所示。在控制性详细规划层面，应根据地块的地质地貌、用地性质、竖向条件及给排水管网等划分汇水分区。通过对地块的开发强度评估，确定地块低影响开发策略、原则等，优化用地布局，细分用地性质，为地块配置市政、公共设施等。然后以汇水分区为单元确定地块的雨水控制目标和具体指标，确定地块的单位面积控制容积率、下沉式绿地率等。根据雨水控制要求确定地块的建设控制指标，如地块的容积率、绿地率、建筑密度以及低影响开发设施的规模和总体布局。最终提出地块的城市设计引导，对地块内的建筑体量、建筑围合空间及其附属硬化面积等作出相关规定。

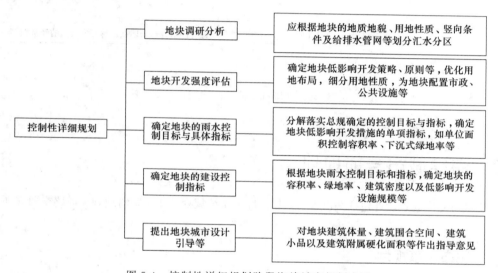

图 5-4　控制性详细规划阶段海绵城市规划方法

### 5.1.3　城市修建性详细规划中的海绵城市规划

修建性详细规划阶段海绵城市规划方法如图 5-5 所示。在修建性详细规划层面，通过对场地的土壤特性、竖向高程、水系、绿化及工程建设情况等的分析评估，及模型分析评估场地开发前后地表产汇流情况，确定场地低影响开发设施的规模和空间布局等，并合理利用场地内的坑塘水系，根据场地现状选择合适的低影响开发设施组合。最后应综合分析场地低影响开发设施的可行性、经济性等。对于开发强度高的城市中心区，应改变过去以相对单一的工程技术手段被动地响应城市中心区严重的水环境问题的思路，并依据城市中心区开发强度，评估地块建设活动对周围城市用地所产生的交通、给排水、市政等的影响，实现城市地块的开发建设和交通管制、雨水控制目标的有机结合。当地面条件不足时，可考虑建立大型的地下调蓄设施，或者利用临近地块的低影响开发设施消纳多余的城市雨水。在远离市中心、开发强度相对较小的地区，可在划定各级城市规划用地时，考虑在道路、绿地等城市用地中为低影响开发设施留出足够的用地。

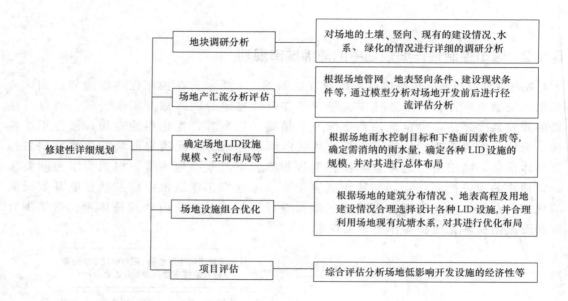

图 5-5　修建性详细规划阶段海绵城市规划方法

# 5.2　海绵城市专项规划

海绵城市专项规划设计包括城市水系规划、绿地系统规划、排水防涝规划、道路交通规划等。

## 5.2.1　城市水系规划

### 5.2.1.1　城市水系组成及功能

城市水系通常由湖泊、湿地、水库以及河流构成，担负着城市防洪排涝、生态景观、水体自净、亲水游憩、文化承载的重要作用，作为海绵体的骨架，是海绵城市建设中最为关键的内容之一。同时，城市水系发挥着亲水功能、防洪蓄排功能、生态自然功能以及空间功能，各项功能特征有机地组成城市水系功能，见表 5-1。

表 5-1　城市水系功能

| 特征功能 | 发挥作用 |
| --- | --- |
| 防洪蓄排功能 | (1)(工业、市政、生活、农业、景观、环境等)水源；<br>(2)洪涝、基流排泄与调蓄；<br>(3)转换地下水通道；<br>(4)输水灌溉 |
| 亲水功能 | (1)公园、休闲；<br>(2)文化承载；<br>(3)造景、观景 |
| 生态自然功能 | (1)调节小气候；<br>(2)水体及大气净化；<br>(3)地下水入渗补给；<br>(4)生物栖息 |

续表

| 特征功能 | 发挥作用 |
|---|---|
| 空间功能 | (1)除尘降噪、通风等;<br>(2)绿地与活动广场;<br>(3)阻燃带与防灾减灾通道;<br>(4)航运通道 |

实施海绵城市水系规划应考虑水系空间特征关系,处理好城市绿化空间与水系的衔接、城市水系网络间的连通性,统筹考虑滨水、岸线以及水体间空间联系,海绵城市绿化应与水系共同构成城市总体空间格局(图 5-6),以促进城市水系各项功能有效发挥。滨水作为城市功能布局陆域空间,是开展生态保护及开发建设的重要区域;岸线作为滨水设施功能布局重要节点,是实施水系修复与生态绿化的重点空间;水体则以水域控制基准线作为空间控制边界,是进行生态修复与水系生物多样性保护的核心空间。

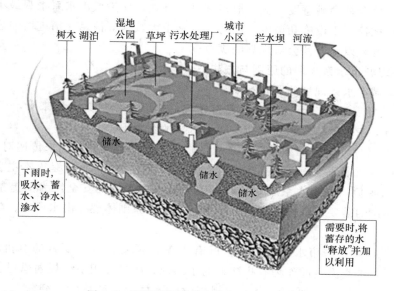

图 5-6 海绵城市总体空间格局示意图

#### 5.2.1.2 城市水系规划存在的问题

① 城市建设追求的高土地开发利用率造成部分河道支流、低洼湿地、水稻田以及池塘被填埋,导致城市水面率及河网密度下降,削减了水系调蓄容量。

② 城市化进程使得不透水路面大量替代透水土壤,造成城区下垫面特征以及雨洪过程改变,洪峰流量增大且峰现时间提前,严重威胁城市防洪除涝安全。

③ 城市河网通常担负防洪排水、景观生态等功能,而城市建设规划过程中过分强调河流的排涝行洪功能以及土地开发利用率,造成城市水系规划采用填埋河道、改移线位、裁弯取直等措施,导致城市水系结构破碎化。结构单一化、断面硬化以及选线直线化等规划举措阻断了水系河网间水土物质交换,切断了水生动物栖息、繁衍以及觅食通道,从而破坏城市水系结构以及水生态系统平衡。

④ 城市水系结构单一化及河网密度下降,造成水体自净功能锐减。同时,未达标污水排入河流,更加剧了城市水环境恶化。

⑤ 城市局部建设用地、交通以及河湖水系等规划时序性、空间性尚不协调,造成实施

城市河湖水系规划过程中常与道路红线、用地边线发生冲突，导致城市水系规划平面及竖向布局等实施性较差。

### 5.2.1.3　海绵城市水系规划实施目标

（1）完善城市空间布局及提升水系连通性　综合考虑城市总体规划以及控制性详细规划，实施城市水系规划应维持岸线连续性、自然度，同时岸线与水体、绿地、陆地、滩地、岸坡交错带应实施管控，尽量规避与水争地的矛盾，从而提出水陆生态系统配置、种类等要素指标，以配合城市总体规划的需求。

（2）兼顾防洪安全及水景营造　应综合城市河网水系特征与现状，考虑雨水资源化利用、中水回用等措施，在保障行洪安全的同时，营造优美城市水景。

（3）改善城市水环境质量　可通过调研城市地表水质量、非点源污染强度、水体营养化水平以及河流底质污染程度，以强化水污染综合防治力度。

（4）提升公众社会满意度　应采取多种供水方式，保障城市水系景观最小需水量，水景营造过程中应把控水工设施和谐度。同时，可基于大数据等信息化措施增强公众在城市水系规划中的参与度，以提升社会对规划的满意度。

### 5.2.1.4　海绵城市水系规划的原则与方法

（1）海绵城市水系规划的原则

① 可持续发展原则　可持续发展具有较广的内涵，但从其本质来看，可持续观就是要把经济增长与生态平衡结合起来，在发展中树立生态意识。

② 人本主义原则　水网型城市水系规划以水及相关空间的建设来传递对人的关怀之情，目的是为人提供一个环境优美、舒适、宜人的公共活动空间，这正是人本主义精神的体现。

③ 安全性原则　城市水系规划是以不破坏城市水系统的安全性为前提条件的，不能因为满足景观建设的需要而降低了安全性要求。安全性原则体现在供水可靠、防洪安全、生态平衡等方面。

④ 系统性原则　城市水系统是一个既有人工要素又有自然要素的有机联系的大系统，规划不仅要将各种类型空间作为有机联系的子系统，而且要用系统规划思想、系统规划方法指导城市水系的规划，并要求综合运用规划学、园林学、环境学、建筑学、生态学、行为学、社会学、美学等学科的理论知识。

⑤ 生态主义观　从生态学观点来看，城市犹如一个复杂的有机体，不断进行着新陈代谢，是在自然生态的基础上，增加了社会与经济两个子系统，构成了经济-社会-自然复合生态系统。而城市水系无疑是城市这个生态大系统的有机组成部分，规划时应充分利用生态学的知识与原理，将城市水系放在区域环境中加以研究，以协调人工建造物与自然环境良性共生关系。在进行海绵城市水系规划时，应坚持生态为本、保护优先、自然恢复的原则，以河湖为骨架构建区域性的生态连通廊道。

（2）海绵城市水系规划方法

① 明晰水系现状　可通过资料收集、部门访谈以及现场踏勘等途径，明确区域水系现状，综合分析防洪排涝、水源供应以及水质保护目标，合理保留或优化水系河渠。

② 统筹水系与城市规划关系　实施城市水系规划应统筹城市区域定位功能、用地性质以及城市规模等要素，协调相同层面与范围内的水系与城市规划关系，从而促进城市市政工程及用地的合理布局。例如可在城市总体规划中采用场地竖向分析的方式，为城市湿地、河湖以及景观预留用地。此外，河道与道路相随布设时，可将河流绿化隔离带与道路绿化带统

筹规划，将道路景观带作为水系滨水空间，从而统筹衔接城市绿化、路网规划与水系布局，以充分挖掘城市有限土地空间。

③ 协调区域突出问题　针对城市水资源短缺区域可综合河网水质及水循环目标，实施开源节流；山丘地区应统筹地质灾害防治规划；区域河网密集地区应协调构建防洪排涝系统；城市开发区应充分预留前置水系景观空间。

④ 合理布局城市生态水系空间　城市水系规划应统筹水生态、防洪及水环境等要素，合理布局城市生态水系空间。针对水生态要素，城市生态水系空间应有机结合区域生态斑块、绿色走廊实施布局，以参与构筑城市水生态系统。针对防洪排涝要素，城市水系空间应支撑区域行泄调度、洪涝蓄滞实施布局。针对水环境要素，应充分挖掘城市水系自净功能，结合湿地与污水、中水处理厂构筑生态水系格局空间。

⑤ 综合城市内涝治理　城市水系作为雨洪宣泄及城市排水的天然通道，应基于城市内涝防治规范，综合城市防涝排水规划，采取构筑生态缓坡、实施河道拓宽清淤、蓄滞雨洪资源等措施，预留一定调蓄空间以缓解城市排水系统压力，从而保障在设计标准下不顶托城市排水管网的同时，确保城市水系泄洪通畅。

⑥ 强化城市水环境管控　遵循水环境功能区划，通过水生态修复、提升水体自净以及削减输入污染物等举措，强化城市水系水环境质量管控力度。具体可通过构建雨水初期净化调蓄、雨污分流设施以及中水补给河道等措施，促使水系循环，提升水体自净能力，从而保障城市水环境品质。

⑦ 水系规划响应大数据　城市水系规划可通过移动设备及社交媒体等多时空、多源化、可视化海量数据，针对河网水系规划信息实施分析与挖掘，为水系预测规划提供直观实时依据。同时，可通过构建规划社交网络，搭建规划工作者、政府以及公众数据互动高效渠道，引导公众参与城市水系规划，促进水系规划编制方式由专家领衔转型为城市公众参与，由经济建设为主的空间规划转型为以公众日常活动为核心的社会行为空间规划。

⑧ 规划制度保障及应急机制　健全规划立项及后评价等制度，以完善规划实施体制。通过构建涵盖城市河湖水系、调蓄区及泵站等地理信息的数字化平台及数学模型，以支撑规划编制与实施。此外，应完善城市水系规划应急抢险事前预案，加强事中应急处置及社会动员能力，同时保障灾后救援、抢险物资补充及保险补偿能力，以提升城市河网水系应急管理水平。

### 5.2.1.5　海绵城市水系规划内容

海绵城市水系规划的具体内容包括总体布局、水环境治理规划、景观规划、道路交通规划、绿化种植规划、旅游规划等诸多分项内容。水系规划流程如图 5-7 所示。具体各项包含的内容和提交的图纸如下：

（1）总体布局　内容包括水系的概念意象、水系总体形象等。图纸包括总体布局图、总体鸟瞰效果图等。

（2）水环境治理规划　内容包括水系治理目标、河道疏通、工程与技术措施、管理措施等。图纸包括水系疏浚图、治污分区规划图及截污管网布置图等。

（3）景观规划　内容包括景观规划目标与理念、景观空间结构、景观廊道与感受序列、沿岸景观风貌、景观生态结构、生态廊道与生态群落等。图纸包括水系景观空间结构图、景观廊道与感受序列规划图、沿岸景观风貌分区图、沿岸建筑天际线规划图、景观生态结构图、生态廊道布局图等。

（4）道路交通规划　内容包括道路交通规划目标、道路交通组织、道路横断面设计、桥梁序列规划等。图纸包括道路交通规划图、道路纵横面设计图等。

（5）绿化种植规划　内容包括绿化种植规划目标、绿化规划结构、绿化功能分区、树种规划等。图纸包括绿化功能分区图、绿化结构规划图等。

（6）旅游规划　内容包括旅游目标与理念、游览体验分区、景点布局、游线组织、接待服务设施、旅游产品策划、经营管理等。图纸包括游览体验分区图、景点布局图、游线组织规划图、接待服务设施布局图等。

（7）周边用地引导控制规划　内容包括周边用地性质引导规划、周边用地建设指标控制、周边用地风貌控制等。图纸包括周边用地性质引导规划图、周边用地建设指标控制图、周边用地风貌控制分区图等。

（8）分期规划　内容主要包括项目建设时序安排。图纸包括分期规划图。

（9）规划指标体系。

（10）投资估算。

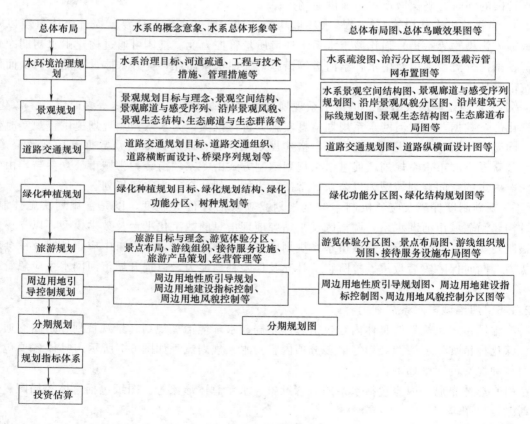

图 5-7　水系规划流程

### 5.2.1.6　重要区段及节点设计

海绵城市的水系规划在总体规划阶段也要考虑到重要的区段及节点的设计，因为这一部分是城市水系的亮点，直接关系到城市旅游、城市景观风貌等诸多方面，内容上包括标准段的设计、重要区段的设计以及重要节点的设计等方面，详见表5-2。

**表 5-2** 重要区段及节点设计要求

| 区段及节点 | 设计内容 | 图纸要求 |
|---|---|---|
| 标准段 | 驳岸设计、景观桥梁设计、码头设计、小品及设施设计等 | 标准段驳岸设计图、标准段透视效果图、景观桥梁设计图、码头设计图、小品及设施设计图等 |
| 重要区段 | 地块总体布局、功能带划分、沿岸建筑风貌控制、景观视线引导、滨河休闲带设计、道路交通设计、种植设计等 | 重要区段设计布局图、功能分区图、沿岸建筑风貌控制图、景观视线引导图、滨河休闲带设计、道路交通设计图、种植设计图、透视效果图等一系列图纸 |
| 重要节点 | 节点设计布局、节点功能分区、游人码头设计、景观标志设计、游览设施设计、道路交通设计、种植设计、照明设计等 | 重要节点设计布局图、功能分区图、游人码头设计图、游览设施设计图、景观标志物设计图、道路交通设计图、种植设计图、照明设计图、透视效果图等 |

## 5.2.2 绿地系统规划

### 5.2.2.1 绿地系统构成与功能

绿地系统是由一定质与量的各类绿地相互联系、相互作用而形成的绿地有机整体，即城市中不同类型、性质和规划的各种绿地共同构建而成的一个稳定持久的城市绿色环境体系，是城市生态系统的有机组成部分，具有极为重要的生态服务功能。

现有城市绿地主要的功能为美化景观、改善环境质量、供休闲游憩、日常防护、避灾避险、维护生物多样性等。绿地具有保持水土、涵养水源、维护城市水循环、调节小气候、缓解温室效应等作用，在城市中承担重要生态功能。绿地是高度城市化地区消减城市雨水径流量以及保持场地自然水文循环过程的最为重要也是最佳的空间场所，针对城市雨水管理的有效与否与城市洪涝灾害的发生、水环境的污染以及水资源的短缺等问题具有紧密的关系，城市绿地系统可以作为城市雨水收集、滞留、下渗以及初期雨污控制的主要场地，通过合理的绿地结构设计以及恰当的绿地面积比例的控制，将部分甚至全部的雨水进行利用，使城市雨洪问题得到消除与控制，保障城市雨洪安全，对城市雨水管理具有重要的意义。

### 5.2.2.2 城市绿色建设存在的问题

目前，在实际绿地系统规划中更多重视绿地的景观效果等外在表现形式，忽略了其涵养水源、调蓄雨水、保护生态等的内在功能。没有有效解决城市用地扩张过快过大问题，没有将绿地系统、地表水系和市政管网进行有效融合连通，形成一个互相关联的有机整体，没有在解决城市内涝问题、减小城市的开发建设活动对自然生态系统影响等方面做出足够的贡献。

### 5.2.2.3 海绵城市绿地规划的原则和方法

（1）海绵城市绿地规划的原则 基于低影响开发理念的绿地规划，主要目标是要将雨水管理在规划阶段就融入绿地建设中，重视邻里社区等小尺度区域中的绿地建设，完善绿地的生态环境功能，将城市绿地、水系和市政管网关联成有机整体，使水资源可以在各承载体中有序高效流通，最终使城市绿地系统在改善城市微环境、控制城市蔓延、削减城市雨水径流和净化雨水水质等方面发挥作用，从源头消除城市内涝隐患。

《海绵城市建设技术指南——低影响开发雨水系统构建（试行）》也强调：城市绿地、广场及周边区域径流雨水应通过有组织的汇流与转输，经截污等预处理后引入城市绿地内的以雨水渗透、储存、调节等为主要功能的低影响开发设施，消纳自身及周边区域径流雨水，并衔接区域内的雨水管渠系统和超标雨水径流排放系统，提高区域内涝防治能力。低影响开发设施的选择应因地制宜、经济有效、方便易行，如湿地公园和有景观水体的城市绿地与广场宜设计雨水湿地、湿塘等。

海绵城市绿地规划一般遵循如下设计原则：

① 生态优先原则　　生态优先原则指在进行城市绿地系统规划时，应首先进行区域生态本地调查，在分析基础上根据区域生态格局和生态保护目标确定绿地系统布局。而在城市绿地所具有的多种功能中，绿地规划强调其中最基本的是生态功能，其他的社会功能、经济功能及景观功能都应以生态保护为基础。

在绿地规划的具体制定过程中，应通过计算分析来确定各种绿地的规划面积。如应对区域主导风向、平均风速、城市形状面积等要素规划作为进气通道的绿地布局；通过区域主要生物物种种类和其体态规划作为生态廊道的绿地布局；通过对城市热岛效应的分析以及区域碳氧平衡分析，规划市域内的绿地布局等。通过这些基本的生态环境分析，可基本确定城市绿地系统布局，而后将此初步规划与相关规划标准比较，并将绿地其他的功能因素予以结合，平衡各种经济、环境、社会效益，形成生态优先、多功能复合的生态绿地系统。

② 径流控制原则　　由于绿地规划的基础就是丰富绿地功能，为了让其同时承担城市雨水管理责任、分担市政排水管网压力、开发城市新型水资源、减小城市内涝的风险，在进行规划时必须遵循径流控制原则，从源头上管理城市雨水。

在绿地系统规划中，径流控制不只体现在规划区整体绿地系统的布局上，也体现在局部地块的设计上，将各种 LID 技术与具体土地利用方式结合，实现技术落地。

③ 系统整合原则　　在绿地系统规划中，系统整合不单指传统绿地规划中的绿地系统与其他系统，如道路交通系统、建筑群系统、市政系统等的关系，更强调了绿地系统内部各组成部分之间的关系。在绿地规划中，要将天然水体、人工水体和绿地统筹考虑，再结合城市排水管网设计，将参与雨水管理的各部分结合起来，分析水量和水体流通特性，使其成为一个相互连通的有机整体，使雨水能够顺利地通过多种渠道入渗、排放和储存利用，减小暴雨对城市造成的灾害。

④ 多级布置、相对分散原则　　多级布置、相对分散是指在绿地系统规划中，在确定了总体绿地数量和布局后，要充分考虑不同服务半径绿地的搭配组合，重视社区、邻里等小尺度区域对绿色空间的需求，将绿地分为城市、片区、邻里等多重级别，分区分批建设，根据自身性质形成多种体量的绿地斑块，降低建设成本，提高雨水管理效果。

规划时可由实际情况将规划区分割成有不同自然属性的规划单元，根据每个单元的具体生态结构、土地特性和功能特征制定相应的规划目标和绿地布局及其主要功能，以满足不同时段、不同区域以及不同人群的需求。

⑤ 立体式布局原则　　立体式布局是指在绿地规划中，不应将绿地形式拘泥于传统的地面绿地，而是应该根据地形和建筑特点，建设低势绿地、屋顶花园、绿化墙面、人工湿地等多种形式的立体绿地，在垂直空间尺度上形成立体式布局。在规划阶段，不宜对原有场地高程进行大幅度改变，而是顺应区域地形、水流和风向等自然特性规划建筑区和绿地区。在绿地建设上高低结合，可以在不同用地、不同高程上实现雨水的就地处理，减小开发建设成本，提高雨水管理效率。

(2) 海绵城市绿地规划方法　　海绵城市的绿地系统规划要综合考虑地形地貌、水文、生物、游憩等要素空间所形成的生态结构。通过利用场地中的沟谷以及陡崖和连续的林地空间构建雨洪汇流通道、生物迁徙廊道、人文游憩廊道组成场地的主要生态廊道系统。利用场地中的低洼地势、大面积的林地斑块构建雨洪滞留空间、污水净化湿地空间、生物栖息空间、大型游憩活动空间形成场地的主要生态绿地斑块，各个生态斑块通过生态廊道连接使场地水文过程、生物过程、人文游憩过程能够有序地进行。不同等级或者不同性质的廊道系统的交汇处由于具有重要的生态功能，应作为关键控制节点。通过不同等级、性质的廊道、绿地斑块和关键控制节点形成规划区内整体生态结构网络系统。在生态结构的基础上，针对不同场地条件和管理目标进行绿地布局。将雨洪设施绿地、游憩设施绿地、防护设施绿地、自然保存设施绿地在生态结构空间落实。

### 5.2.2.4　海绵城市绿地规划内容

海绵城市绿地系统规划的具体内容包括总体布局、绿化整治规划、景观系统规划、道路交通规划、绿植规划、景观规划等诸多分项内容。绿地规划流程如图 5-8 所示。具体各项包含的内容和提交的图纸如下：

（1）总体布局　内容包括绿地布局、绿地总体形象等。图纸包括总体布局图、总体鸟瞰效果图等。

（2）绿化整治规划　内容包括绿化治理目标、绿地分类、工程与技术措施、管理措施等。图纸包括绿地分区规划图及绿地分类布置图等。

（3）景观系统规划　内容包括景观规划目标与理念、景观空间结构、绿地风貌、绿地景

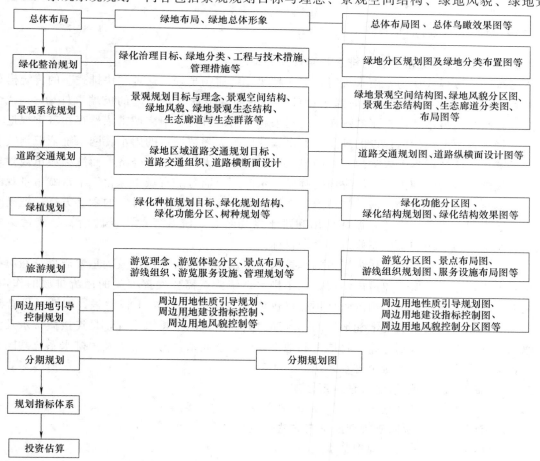

图 5-8　绿地规划流程

观生态结构、生态廊道与生态群落等。图纸包括绿地景观空间结构图、绿地风貌分区图、景观生态结构图、生态廊道分类图、布局图等。

（4）道路交通规划 内容包括绿地区域道路交通规划目标、道路交通组织、道路横断面设计。图纸包括道路交通规划图、道路纵横面设计图等。

（5）绿植规划 内容包括绿化种植规划目标、绿化规划结构、绿化功能分区、树种规划等。图纸包括绿化功能分区图、绿化结构规划图、绿化结构效果图等。

（6）旅游规划 内容包括游览理念、游览体验分区、景点布局、游线组织、游览服务设施、管理规划等。图纸包括游览分区图、景点布局图、游线组织规划图、服务设施布局图等。

（7）周边用地引导控制规划 内容包括周边用地性质引导规划、周边用地建设指标控制、周边用地风貌控制等。图纸包括周边用地性质引导规划图、周边用地建设指标控制图、周边用地风貌控制分区图等。

（8）分期规划 内容主要包括项目建设时序安排。图纸包括分期规划图。

（9）规划指标体系。

（10）投资估算。

## 5.2.3 排水防涝规划

### 5.2.3.1 基于海绵城市建设的排水防涝规划的理念

传统的市政模式认为，雨水排得越多、越快、越通畅越好，这种"快排式"的传统模式主要是针对 3～5 年重现期短历时降水设计管道。随着全球变化引起的极端事件增多，"快排"设计理念与城市急剧扩张的现实矛盾越来越突出。首先，很多城市依然存在着重视地上开发、轻视地下配套设施建设的理念；其次，我国绝大多数城市的雨水管网系统依旧延续着快排模式，无法从根本上去除内涝等隐患，同时一味加大管径，不经济。而海绵城市规划理念，不仅能够合理管理雨水，解决内涝频发等水问题，而且兼有城市绿化、丰富城市景观的作用，具有多方面的益处。海绵城市遵循"渗、滞、蓄、净、用、排"的六字方针，把雨水的渗透、滞留、集蓄、净化、循环使用和排水密切结合，统筹考虑内涝防治、径流污染控制、雨水资源化利用和水生态修复等多个目标。

城市地下排水管道系统作为城市的小排水系统承担着城市雨水排放的重要职责。在海绵城市建设中，为保障城市免遭内涝侵袭，小排水系统依然需要发挥大量的径流排放的作用。但是海绵城市的建设，城市雨洪管理不能仅仅依靠"快排"，还应重视蓄积，因此，结合地上沟渠、坑塘一同构成的地上和地下的排水通道共同组成的小排水系统，是连接微排水及大排水系统的一个重要规划思路，将地上和地下设施联系起来，与微排水及大排水系统共同作用，构成一个完善成熟的城市排水系统。

### 5.2.3.2 海绵城市排水防涝规划体系框架

海绵城市排水防涝规划体系框架如图 5-9 所示。

### 5.2.3.3 海绵城市排水防涝规划原则与方法

（1）海绵城市排水防涝规划基本原则

① 明确低影响开发雨水系统径流总量控制目标，并与城市总体规划、详细规划中低影响开发雨水系统的控制目标相衔接，将控制目标分解为单位面积控制容积等控制指标。

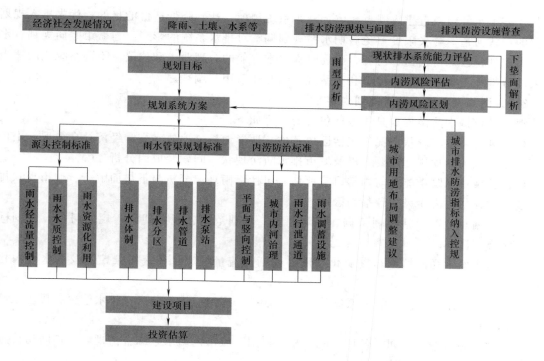

图 5-9　海绵城市排水防涝规划体系框架

② 通过评估、分析径流污染对城市水环境污染的贡献率，根据城市水环境要求，结合悬浮物等径流污染物控制要求确定年径流总量控制率，同时明确径流污染控制方式并合理选择低影响开发设施。

③ 根据当地水资源条件及雨水回用需求，确定雨水资源化利用的总量、用途、方式和设施。

④ 发挥低影响开发雨水系统对径流雨水的渗透、调蓄、净化等作用，低影响开发设施的溢流应与城市雨水管渠系统或超标雨水径流排放系统衔接。

（2）基于防洪排涝的海绵城市排水工程规划方法

① 现状管网改造　应根据当地的自然条件、地质条件、卫生要求、原有排水设施、地形、气候等条件综合考虑进行设计。对于实现雨污分流比较困难的旧城区，为降低工程造价，充分利用现有的排水设施，排水体制宜采用截流式合流制，适当增大截留倍数，同时起到大比例收集、处理初期雨水的作用。对于因现状排水设计不合理、管径偏小，而易形成内涝的地区，在进行规划设计时，要认真分析排水现状及原因，重新核算管渠接纳的汇水流域面积，适当提高设计标准。选择在具备实施条件的线路上增设排水干管，在局部增设排涝泵站或蓄洪水池或水体。

② 新区管网布置　对于新开发区、新城区，排水体制宜采用完全分流制。雨、污水管网的规划应考虑新城区近期与远期城市发展的衔接；充分了解、深刻理解当地主管部门的发展思路与主导方向；必须充分考虑城市道路和管网的建设时序问题，将雨污水主干管、干管位于先期建设的道路下，以达到先主干管、后次干管、再支管的建设次序，避免因为经济环境、地方政府支付能力等的变化导致系统不能完整建成而造成水污染事件的发生。

雨水管网布置应结合规划或现有的受纳水体条件，按照最新的排水规范高标准选择设计参数。使雨水管道就近排入附近水体，减小系统规模，达到降低造价的目的；优先排入规划保留的现状河道，最大限度避免后期水系规划调整对排水系统的影响。与城市竖向规划、水系防洪规划积极保持沟通、协调，必要时提出本专业的合理要求和建议。不同系统之间适当增大部分排水支管并相互连接，利于系统之间互相备用与调剂。

#### 5.2.3.4 海绵城市排水防涝规划内容

海绵城市排水防涝规划具体各项包含的内容如下：

（1）规划背景与现状概况　包括区位条件、地形地貌、地质水文、经济社会概况、上位规划概要及相关专项规划概要，以及城市排水防涝现状、问题及成因分析。

（2）城市排水防涝能力与内涝风险评估　包括降雨规律分析与下垫面解析、城市现状排水系统能力评估、内涝风险评估与区划。

（3）规划总论　包括规划依据、规划原则、规划范围、规划期限、规划目标、规划标准、系统方案概述。

（4）城市雨水径流控制与资源化利用　包括径流量控制、径流污染控制及雨水资源化利用。

（5）城市排水（雨水）管网系统规划　包括排水体制、排水分区、排水管渠、排水泵站及其他附属设施等规划。

（6）城市防涝系统规划　包括平面与竖向控制、城市内河水系综合治理、城市防涝设施布局与城市防洪设施的衔接。

（7）近期建设规划

（8）管理规划　包括体制机制、信息化建设和应急管理规划。

（9）保障措施　包括建设用地、资金筹措及其他。

海绵城市排洪防涝规划附图要求见表5-3。

### 5.2.4 道路交通规划

传统城市道路的硬化面积占道路面积的75％左右，道路绿带面积占25％左右，透水铺装率不足30％，路缘石和绿化带均高出路面10～20cm，雨水口设置在机动车道或者非机动车道上，绿化带只能接纳自身区域的雨水，雨水口仅汇集路面雨水，不能实现有效的雨水排放，容易造成路面积水，甚至内涝。《海绵城市建设技术指南——低影响开发雨水系统构建（试行）》指出：城市道路径流雨水应通过有组织的汇流与转输，经截污等预处理后引入道路红线内、外绿地内，并通过设置在绿地内的以雨水渗透、储存、调节等为主要功能的低影响开发设施进行处理。海绵城市道路采用低影响开发技术设施，不仅可以保证道路的通行能力，而且能在解决道路排水问题的同时防止雨水对路面稳定性的影响。道路低影响开发设施的选择应因地制宜、经济有效、方便易行，如结合道路绿化带和道路红线外绿地优先设计下沉式绿地、生物滞留带、雨水湿地等。此外，不同城市路网因地理位置、经济发展、土地利用等因素有着明显的差异，同一个城市各区域的路网也因各自定位的不同存在差别。海绵城市路网规划与一般城市路网规划的区别是对城市排水防涝专项规划、城市绿地系统规划和城市水系规划等要求较高，这些规划会使城市路网的结构发生变化，从而影响道路的非直线系数、道路网密度、道路面积密度、居民拥有道路面积密度、道路绿化率等城市道路网规划技术指标都会发生相应的变化。

**表 5-3**　海绵城市排洪防涝规划附图要求

| 图纸编号 | 图纸名称 | 比例尺 | 表达内容要求 |
|---|---|---|---|
| 1 | 城市区位图 | 1/1000000～1/250000 | 城市位置、周围城市位置、与其他主要城市的距离关系 |
| 2 | 城市用地规划图 | 1/25000～1/5000 | 用地性质、用地范围、主要地名、主要方向、街道名、标注中心区、风景名胜区、文物古迹和历史地段的范围 |
| 3 | 城市水系图 | 1/25000～1/5000 | 描述城市内部受纳水体(包括河、湖、塘、湿地等)基本情况,如长度、河底标高、断面、多年平均水位、流域面积等以及城市现状雨水排放口信息 |
| 4 | 城市排水分区图 | 1/25000～1/5000 | 城市排水分为几个区、每个排水分区的面积、最终排水出路等 |
| 5 | 城市道路规划图 | 1/25000～1/5000 | 城市主次干道交叉点及变坡点的道路标高 |
| 6 | 城市现状排水设施图 | 1/25000～1/5000 | 城市排水管网的空间分布及管网性质、各管段长度、管径、管内底标高、流向、设计标准、泵站的位置和流量及设计重现期等内容 |
| 7 | 城市现状内涝防治系统布局图 | 1/25000～1/5000 | 能影响到城市排水与内涝防治的水工设施,比如城市调蓄设施和蓄滞空间分布、容量 |
| 8 | 城市现状易涝点分布图 | 1/25000～1/5000 | 城市易涝点的空间分布 |
| 9 | 城市现状排水系统排水能力评估图 | 1/25000～1/5000 | 各管段的实际排水能力,最好用重现期表示,包括小于 1 年、1～2 年、2～3 年、3～5 年和大于 5 年一遇,并标出低于国家标准的管段 |
| 10 | 城市内涝风险区划图 | 1/25000～1/5000 | 城市内涝高、中、低风险区的空间分布情况 |
| 11 | 城市排水分区规划图 | 1/25000～1/5000 | 城市排水分区、各分区的面积及排入的受纳水体 |
| 12 | 城市排水管渠及泵站规划图 | 1/25000～1/5000 | 管网布局、管网长度、管径、管内底标高、流向、出水口的标高,表达出是新建管渠还是雨污合流改造管渠还是原有雨水管渠扩建,泵站的名称、位置、设计流量,规划排水管渠的重现期 |
| 13 | 城市低影响开发设施单元布局图 | 1/25000～1/5000 | 城市下凹式绿地、植草沟、人工湿地、可渗透地面、透水性停车场和广场的布局,现有硬化路面的改造路段与方案,将现状绿地改为下凹式绿地的位置与范围 |
| 14 | 规划建设用地性质调整建议图 | 1/25000～1/5000 | 对规划新建地区内涝风险较高地区提出调整建议 |
| 15 | 城市内河治理规划图 | 1/25000～1/5000 | 河道拓宽及主要建筑物改扩建的规划方案 |
| 16 | 城市雨水行泄通道规划图 | 1/25000～1/5000 | 城市大型雨水行泄通道的位置、长度、截面尺寸、过流能力、服务范围等信息 |
| 17 | 城市雨水调蓄规划图 | 1/25000～1/5000 | 雨水调蓄空间与调蓄设施的位置、占地面积、设施规模、主要用途、服务范围等信息 |

### 5.2.4.1　海绵城市道路系统规划的原则与方法

（1）海绵城市道路系统规划的原则

① 满足城市交通运输的要求　满足城市交通运输是海绵城市路网规划的基本要求，也是路网规划的重要依据。海绵城市路网要有合适的路网密度。城市中心区的密度较大，郊区较小；商业区的路网密度较大，工业区较小。城市道路的红线宽度要满足通行能力的要求，并且能够设置良好的绿化环境。

路网应建立合理的道路分级体系，包括城市快速路、城市主干道、城市次干道和城市支路。对于不同等级的道路，应保持适当的间距，合理地组织交通出行，避免道路空间的过度集中或浪费。城市主干道应尽可能规整，便于交叉口交通的组织。完善次干道和支路系统，增强城区各个地块的可达性，疏解交通量，实现分流和良好的交通组织，构建可持续发展的、健康完善的道路体系。此外，城市道路应与公路、铁路、水运和空运联系方便，以满足对外交通的要求。

② 满足城市功能布局的要求　城市道路作为城市的骨架，它决定了城市的用地功能和结构，并能反映城市的风貌、历史和文化传统。城市道路是城市功能分区的分界线，各级道路划分各类用地功能。城市快速路和交通性主干道可以划分城市组团（片区）或居住区，城市主次干路和次干路可以划分街区，城市次干路和支路可以划分小区或街坊，为与它相邻的地块服务。可以通过环路划分城市中心区或郊区。城市道路应优先考虑道路交通的使用功能，在保证路面路基强度及稳定性等安全性要求的前提下，路面设计宜满足透水功能要求，尽可能采用透水铺装，增加场地透水面积。

③ 与城市排水防涝相协调　海绵城市路网可以结合城市排水系统规划和排水防涝综合规划等相关规划，根据当地水资源条件，协调好道路与广场、绿化等用地之间的平面与竖向关系，避免因道路竖向不合理引起内涝或增加排水设施。山地城市同时应考虑山洪的影响，通过相关排水设施的设计，直接将山洪排入水体。城市市政管网的规划和建设与城市道路关系密切，道路要结合城市管网的规划合理设置。

④ 与城市用地性质相协调　道路功能应根据用地规划布局和交通出行需求合理确定，与相邻的用地性质相协调，满足交通、生活、休闲、景观等不同需要，为营造舒适、宜人、和谐的城市空间创造条件。

⑤ 与城市水系相协调　城市水系构成城市生态环境的重要部分，也是道路雨水径流排放的收纳体。城市道路不应破坏自然水系的走势，应尽可能地顺河布置，保留两岸的自然景观。城市道路应避开水生态敏感区，不越过蓝线，可以结合 LID 设施，避免道路污染径流直接排入城市水系中。

⑥ 与城市绿地系统相协调　城市路网应结合城市绿地系统规划，包括道路红线内绿地和红线外绿地，城市道路红线内的绿地为道路服务，其设计应符合城市道路的性质和功能，如支路以慢行交通为主，从静态的角度设置绿化，选择株距较大的小乔木、盆栽等绿化。交通干道要考虑绿化对机动车行驶的影响，街旁绿地应与道路和建筑相配合，形成城市的景观骨架。道路周边的城市绿地在规划时，应处理好道路与绿化的衔接关系，通过 LID 技术和设施的采用，保证道路雨水径流能够有效地排向绿地，避免造成排水不畅。

（2）海绵城市道路系统规划的方法　对现有已开发场地，路网布局已经形成，城市道路不透水地表切断了雨水的自然通道，阻碍了雨水的自然下渗过程，同时径流中携带着各种污染物。基于此，对现有新建或改造道路要最大限度做到干扰最小化，依据城市道路空间条件，人行道尽量采用透水路面，道路绿化带尽量采用植被浅沟、雨水花园等生态措施，降低道路不透水的连续性，模拟自然水文功能，恢复与补偿地下水，以水质控制为主，兼具径流量控制。

透水性路面材料按照实际使用情况可分为两大类：一类是直接铺设在能够蓄水的路基上，经压实、养护工艺构筑而成的大面积整体透水性混凝土/沥青路面；另一类是经特殊工艺预制的透水性混凝土制品（如透水砖、嵌草砖等）。在路面工程规划时，应根据路面行车要求和现场施工条件合理选择。

### 5.2.4.2　海绵城市道路的优化

（1）人行道路改造　人行道路的主要功能是为过往行人提供行走道路，下垫面具有地表径流污染度低、区域不渗透率高、雨水径流量大和道路结构承载力要求低等特点，因此非常适合采用渗透路面来进行改造。另外，结合人行道路区域空间占用率相对较低的情况，适当地添加一定量的种植盒，在构建区域景观的同时还提供了一定储蓄和渗透雨水的能力。

（2）车行道路改造　现行的车行道路一般采用沥青或水泥路面，沥青和水泥路面也是城市主干道的主要路面形式。一方面，由于城市主干道需要作为车辆的行驶道路，其道路结构承载能力要求较高。另一方面，在车辆运输的过程中，轮胎的摩擦和汽油泄漏等问题会导致路面存在大量的重金属污染物和有机污染物。降雨时，雨水冲刷会携带大量的污染物和沉积物。如果允许未经处理的径流直接渗入地下，会致使地下水污染和区域沉积物堵塞。综合考虑道路承载力、地面径流污染和后期运行维护成本三方面因素，车行道路地表不适合采用渗透路面进行改造，可结合生物滞留地建设来实现储存并削减雨水径流总量、控制延缓洪峰到来和处理地表径流污染源的三重功能。一般做法是用生物滞留地替换原有道路两边的绿化带，并降低其高程，收集、汇集道路雨水，并在滞留地中设置溢流排水管，排水管与现有雨水管网连接，实现控制排出过量雨水的目的。

（3）改变道路排水方式　传统道路排水模式下，路面径流沿道路横纵坡快速汇集至边沟，经雨水口进入雨水管线。为解决雨水径流污染、城市内涝灾害等问题，需改变上述传统的道路排水模式，构建基于 LID 的道路排水模式。LID 道路排水模式基于现有的道路断面形式、路面坡度坡向和周边空间条件进行设计，中央分隔带下凹，滞留自身雨水径流，下渗雨水和超量雨水通过溢流井和渗水盲管排入市政雨水管线。机动车道径流在重力作用下沿路面坡度汇集至边沟，通过开孔侧缘石进入机动车和非机动车分隔带内的雨水 LID 措施滞留净化，超量雨水通过溢流口进入市政雨水管线。非机动车道径流首先汇入生态树池，超量雨水通过暗渠流入红线外绿地。人行道采用透水铺装，径流坡向红线外绿地。红线外绿地 LID措施汇集道路及周边区域径流，超过其控制目标的径流通过溢流口进入市政管线。

此外，城市不透水面的连接程度对城市地表径流的峰值总量变化等都有影响，利用道路分隔带绿地切断城市不透水面的连接，如分车绿带对车行道的分割有利于削减地表径流，改变不透水路面的连续性。在道路长度、宽度、坡度及绿地宽度等因子都相同的情况下，具有多条分隔绿带道路的径流峰值明显较低，产流时间滞后。

### 5.2.4.3　海绵城市道路与红线外用地的衔接

（1）道路与建筑、小区衔接优化　在居住区、商业区等区域，经常在城市道路两侧连接建筑、小区的地方存在空闲场地。当相连场地用地紧张时，经常与人行道合用一个空间，场地可以采用透水铺装来排水；当城市道路与建筑小区之间用地富裕、存在路侧绿带时，可以将 LID 设施与路侧绿带合并设置，在选择 LID 设施时，注意建筑对绿化的衬托、防护及出入口等要求，如用雨水花园、下沉式绿地、植草沟来解决排水问题。

（2）道路与城市绿地衔接　城市道路与城市绿地相接时，在绿地中，雨水通过 LID 设施进行调节、渗透、转输、净化和储存。根据城市绿地的功能、用地尺寸、水文地质等特点，适合绿地的 LID 源头渗透技术设施有雨水花园、下沉式绿地、生物滞留带、渗井、渗透塘、植被缓冲带，LID 中途技术设施有调节塘、植草沟、渗管渠、植被缓冲带，LID 末端存储技术设施有湿塘、雨水湿地、植被缓冲带。

①　对于水资源缺乏的干旱地区，雨水排入城市绿地内时，可以优先选用雨水储存设施，来达到雨水资源化利用的目标。城市道路雨水径流通过排水管直接进入湿塘或雨水湿地中，沉淀、过滤、净化和存储。

② 对于暴雨、洪涝多发地区，城市道路排水设施不能解决的多余雨水排入城市绿地内时，可以优先选用雨水储存和调节的技术。城市道路雨水径流通过排水管进入调节塘，在调节塘中沉淀、过滤、分流，以削减峰值流量，然后从排水口流入湿塘或雨水湿地中，再次进行沉淀、过滤、净化，最后储存下来，若雨水流量超出储存容积，再经出水口排向下一个末端技术设施。

③ 对于径流污染问题比较严重的地区，可以优先选用雨水截污净化设施后，排入城市绿地内，来达到控制径流污染的目标。雨水花园、湿式植草沟和植被缓冲带都是城市绿地中截污净化效果显著的 LID 设施。

④ 对于水资源比较丰富的地区，可以优先选用雨水截污净化、渗透和调节等技术设施，再排入城市绿地内，来达到控制径流污染和径流峰值的目标。城市道路雨水径流可以通过下沉式绿地、渗井和渗透塘下渗排水，通过雨水花园、湿式植草沟、植被缓冲带截污净化雨水，通过调节塘调控雨水，削减峰值流量。

⑤ 对于水生态敏感或水土流失严重的特殊地区，可以根据具体的汇水区块，选用相应的 LID 设施，尽量减小场地开发对水文环境的破坏。

### 5.2.5　智慧海绵城市规划

现代信息技术在信息的监测、收集、整合、分析、模拟、优化等方面有着传统技术不可比拟的优势。海绵城市建设可以与国家正在开展的智慧城市建设试点工作相结合，实现海绵城市的智慧化，重点放在社会效益和生态效益显著的领域以及灾害应对领域。智慧化的海绵城市建设，能够结合物联网、云计算、大数据等信息技术手段，使原来非常困难的监控参量变得容易实现。通过信息化手段可实现智慧排水和雨水收集，对管网堵塞采用在线监测并实时反映；通过智慧水循环利用，可以达到减少碳排放、节约水资源的目的；通过遥感技术对城市地表水污染总体情况进行实时监测；通过暴雨预警与水系统智慧反映，及时了解分路段积水情况，实现对地表径流量的实时监测，并快速做出反应；通过集中和分散相结合的智慧水污染控制与治理，实现雨水及再生水的循环利用等。

为了因地制宜确定建设目标和具体指标，科学编制和严格实施相关规划，需要将智慧化理念应用到海绵城市的规划建设之中，发挥智慧的优势。智慧化理念可应用在规划建设阶段的多个方面：对规划所需信息进行监测、收集、分析，从而提供数据支撑；对规划建设方案进行模型模拟，优化设施组合、规模和平面布局；对各方案的效果进行直观显示，选取优化方案等；通过网格化、精细化设计将城市管理涉及的事、部件归类系统标准化，在此基础上推行城市公共信息平台建设，通过智慧城管平台主动发现问题并有预见性地应对，再通过物联网智能传感系统实现实时监测。通过以上这些优化设计可以使我国城市迅速地、智慧地、弹性地来应对水问题。

### 5.2.6　海绵城市建设规划

#### 5.2.6.1　主要内容

（1）综合评价海绵城市建设条件　分析城市区位、自然地理、经济社会现状和降雨、土壤、地下水、下垫面、排水系统、城市开发前的水文状况等基本特征，识别城市水资源、水环境、水生态、水安全等方面存在的问题。

（2）确定海绵城市建设目标和具体指标　确定海绵城市建设目标（主要为雨水年径流总量控制率），明确近、远期要达到海绵城市要求的面积和比例，提出海绵城市建设的指标体系。

（3）提出海绵城市建设的总体思路　依据海绵城市建设目标，明确海绵城市建设的原则，针对现状问题，因地制宜确定海绵城市建设的实施路径。老城区以问题为导向，重点解决城市内涝、雨水收集利用、黑臭水体治理等问题；城市新区、各类园区、成片开发区以目标为导向，优先保护自然生态本底，合理控制开发强度。

（4）提出海绵城市建设分区指引　识别山、水、林、田、湖等生态本底条件，提出海绵城市的自然生态空间格局，明确保护与修复要求；针对现状问题，划定海绵城市建设分区，提出建设指引，在城市建设中倡导海绵小区、海绵广场、海绵建筑等新的建设理念与模式。

（5）落实海绵城市建设管控要求　根据雨水径流量和径流污染控制的要求，将雨水年径流总量控制率目标进行分解。大城市要分解到排水分区，中等城市和小城市要分解到控制性详细规划单元，并提出管控要求。

（6）提出规划措施和相关专项规划衔接的建议　针对内涝积水、水体黑臭、河湖水系生态功能受损等问题，按照源头减排、过程控制、系统治理的原则，制定积水点治理、截污纳管、合流制污水溢流污染控制和河湖水系生态修复等措施，并提出与城市道路、排水防涝、绿地、水系统等相关规划相衔接的建议。

（7）近期建设规划　明确近期海绵城市建设重点区域，提出分期建设要求。

（8）提出规划保障措施和实施建议。

### 5.2.6.2　成果要求

规划成果包括规划文本、规划图纸和附件三个部分。

（1）规划文本主要包括总则、海绵城市建设分区指引、海绵城市建设水生态规划、海绵城市建设水环境规划、海绵城市建设水资源规划、海绵城市建设水安全规划、海绵城市建设规划措施、海绵城市建设设施布局用地控制、海绵城市建设近期建设、海绵城市建设规划保障措施等内容。

（2）规划图纸主要包括现状图、海绵城市自然生态空间格局图、海绵城市建设分区图、海绵城市建设管控图、海绵城市相关涉水基础设施布局图、海绵城市分期建设规划图。

（3）附件包括规划说明书、基础资料汇编（及专题研究报告）。

# 5.3　水文分析和地表径流模拟计算

《海绵城市建设技术指南——低影响开发雨水系统构建（试行）》采用的地区多年平均日雨量统计数据来确定年径流总量控制率，根据暴雨公式和概化的地表径流系数推导各低影响开发设施的类型及规模，这种计算方法是一种经验公式，存在着精确性不足、参数和结果很难验证、无法表述水文过程的时空变化等问题，降雨时长的选择、地表径流系数等参数的不确定性，使计算结果十分粗略而不可靠。

为了有效分析城市水文循环过程和洪涝灾害程度，提高海绵城市建设的科学性和可靠性，世界发达国家在水环境模型规范化、软件化和商业化方面已取得了丰硕的研究成果，从水文模型、水动力模型、水质模型、水力水质综合模型扩展到流域综合管理模型系统。美国环保局和欧盟环保署还制定了大量有关环境模型开发和使用的技术导则或指南，使得环境模型使用更加规范化和系统化，同时通过与商业公司的合作，形成了一批比免费开放模型功能更加丰富强大的商业软件，如美国环境保护署（USEPA）1971 年开发的 SWMM 开源软件、美国陆军工程兵团工程水文中心（USAGE-HEC）1973 年开发的 STORM 软件、美国学者 Pitt 等人 1976 年开发的 SLAMM 软件、以美国地质调查局（USGS）为主 1972 年开发的 HSPF 软件、美国地质调查局（USGS）1982 年开发的 DR3M-QUAL 软件、英国 Wallingford 公司 1997 年开发的 Hydro Works 商业软件、澳大利亚 GHD 公司 2003 年开发的 IWM Toolkit 商业软件等。以上 7 个软件可实现的功能见表 5-4。由于开发较晚、设计理念相对成熟、商业化运作等，IWM Toolkit 的指标总体较为突出。

随着海绵城市建设的深入开展，我国亟须建立起适合于本土的海绵城市水文水力模型，完善基础数据库，率定标准参数以及规范模型应用流程。国外的水文水力模型以及综合软件平台，数量不下数百种，各种模型的核心机制、模拟对象、适用尺度千差万别，给科研人员和实践人员根据研究对象选择合适的模型造成诸多困难。为了筛选对我国海绵城市研究和建设具有参考价值的典型水文水力模型，一般遵循如下筛选原则：

① 根据海绵城市的基本内涵，将适用于海绵城市的水文模型限定为城镇以及与城镇密切相关的流域尺度。根据海绵城市的核心功能，即城市雨洪可持续管理和利用、水体和流域的保护、修复和可持续发展，从流域和城市地表产汇流计算、地下水迁移、雨洪管网计算、有机物及污染物扩散迁移、河道沉积物及侵蚀、水域生态、低影响开发设施分析（BMPs/LID、SUDS、WSUD）等方面来确定适合的水文水力模型。

② 选择世界上得到广泛应用并经过反复实证且在中国也有研究和实践的模型。水文模型需要大量的基础资料，经验模型和物理模型只有经过大量本土化论证研究，才能验证其可靠性和适应性。

③ 选择多类型模型耦合的模型。适应于海绵城市的水文模型通常都是水文模型、水力模型和水质模型的耦合，以分析复杂的水文水力现象。

④ 选择具备完善的模型族或前后处理端口。水文水力模型有独立机构开发的单一功能水文模型，也有综合功能并形成系统的模型族，后者的功能通常更加完善，经过更多的实践验证，能应对不同类型的分析工作，较适于非水文专业人员如城市规划、风景园林等行业人员使用。

**表 5-4** 　通用雨洪管理规划软件的基本设计指标

| 横向测评指标 | SWMM | STORM | SLAMM | HSPF | DR3M-QUAL | Hydro Works | IWM Toolkit |
|---|---|---|---|---|---|---|---|
| 可实现场次及连续计算 | √ | × | × | √ | × | √ | √ |
| 空间尺度灵活缩放 | × | × | × | × | × | × | √ |
| 污染物作用及转化模拟 | × | × | × | × | × | × | √ |
| 算法是否简洁 | × | √ | × | × | √ | × | √ |
| 污染负荷结果可视化 | √ | × | × | × | × | × | √ |
| 是否与 GIS 紧密耦合 | × | × | × | × | × | √ | × |
| 模型不确定性相对可控 | × | √ | √ | × | √ | × | √ |
| 可实现多方案比选 | √ | × | × | × | × | √ | √ |

### 5.3.1 流域水文水力模型

宏观流域尺度的水文模型注重整体水生态水环境的安全格局，重点是流域划分、区域地表径流及洪涝预测、非点源污染的扩散迁移，水生态系统的影响等。具有代表性的免费模型有 AQUATOX、PLOAD、SWAT、WinHSPF、HEC-HMS、GSSHA、TR-20 和 TR-55，这些模型多数具有图形化界面，可以独立运行。但免费模型的数据输入模块和后处理模块一般较薄弱，也不能与地理信息系统和数据库直接连接，导致普通用户使用不便，因此软件开发商以这些模型为基础计算引擎开发了功能更全面、界面更友好的软件包，比较著名的有 EPA 的 BASINS 模型族、Aquaveo 的 WMS 模型族以及在欧洲得到广泛应用的 TOPMODEL 等。下面仅对 BASINS 模型族、WMS 模型族做简要介绍。

#### 5.3.1.1 BASINS 模型族

BASINS（better assessment science integrating point and nonpoint sources）是由美国环保署（EPA）水利办公室开发的支持流域环境和生态研究、具备地理信息系统功能的流域水文模型集和流域管理工具，当前版本为 4.0。其组织结构如图 5-10 所示。它包含系统环境数据库、分析评估工具、流域划分工具、数据管理工具、流域特征报告等辅助模块和 7 个核心水文模型，其中对海绵城市流域水文生态评估和规划有价值的有：

（1）流域荷载和运输模型 HSPF（hydrological simulation program-fortran）为流域水文、土地和土壤污染物径流、沉积物-化学相互作用的水质综合模型，模型结构如图 5-11 所示。该模型适用于水文响应单元、子流域、简单的一维流和混合水库/湖泊，对输入数据的完整性和用户的专业水准要求较高。

（2）水土评估工具 SWAT（soil and water assessment tool） SWAT 由美国农业部农业研究中心（USDA-ARS）开发，用以预测和评估无测站流域内水、泥沙和农业化学品管理所产生的影响。SWAT 是以农业和森林为主的流域具有连续模拟能力的非点源模拟模型，该模型不需要率定、对大流域采用易获得的输入数据、计算效率高、能连续模拟长期管理变化的影响，同时还支持沉淀池、渗透设施、植物过滤等 BMPs 措施。它由 8 部分组成，即水文、气象、泥沙、土壤温度、作物生长、营养物、农业化学品和农业管理。SWAT 模型具体计算涉及地表径流、土壤水、地下水以及河道汇流，模型结构如图 5-12 所示。

（3）非点源负荷模型 PLOAD 集成于 BASINS 系统，主要分析流域非点源污染的年负荷量并能够计算实施 BMPs 后的年负荷量变化。

（4）水生态系统模型 AQUATOX AQUATOX 能够模拟多种环境因子（包括营养盐、有机负荷、有机化学物和温度等）及其对藻类、植物、无脊椎动物及鱼类生态系统的影响。因此，AQUATOX 能够帮助识别并建立起水质、水生生态系统、水生生物之间的因果关系链，该模型可用于景观水体水生态模拟和生态修复研究。

（5）流域雨洪及水质模型 SWMM SWMM 是最重要的径流量动态仿真模型之一，适用于市区和单一事件或长期（连续）模拟，也可用于流域模拟（但尺度受到一定限制）。SWMM 模型模拟雨洪形成过程示意图如图 5-13 所示。

由于众多模型的支持，BASINS 是很重要的流域水文软件包，但也有一些缺陷，如只能分析一维水体，且由于数据的缺乏，不适合我国农业耕作模式和城市结构等原因，使 BASINS 在中国的应用受到了一定限制。

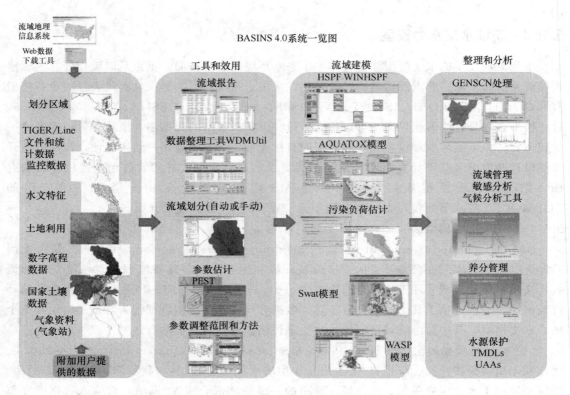

图 5-10　BASINS 4.0 模型组织结构示意图

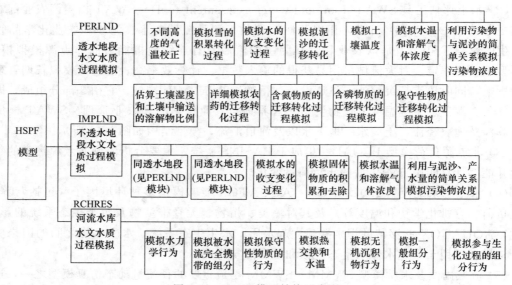

图 5-11　HSPF 模型结构示意图

### 5.3.1.2　WMS 模型族

　　WMS（watershed modeling system）是美国 Brigham Young 大学环境模型研究实验室（EMRL）与美国陆军工程师兵团水方法试验站（USACE）开发的流域水文和水力学分析的图形化模型软件包。WMS 提供水文模拟全过程的工具，嵌入了多种概念性水文和水力模

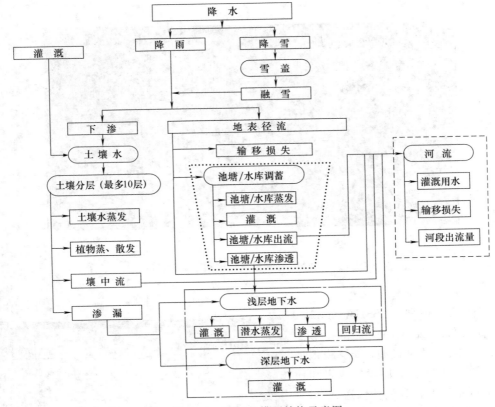

图 5-12　SWAT 模型结构示意图

型，可与 ARCGIS 等地理信息系统软件交互数据，可以使用矢量地图、DEM、TIN 等格式的数据，自动提取流域参数进行水文模拟，并能实现模拟结果的可视化，如图 5-14 所示。该模型能支持 SWMM 模型。

与 BASINS 相比，WMS 不但支持一维水文模型，而且支持分布式流域水文模型。缺点是商业版本价格高。WMS 集成的模型众多，这些模型多数有免费版本下载，可独立运行。其中可适用于我国海绵城市研究的流域水文模型有：

（1）HEC-HMS 模型　HEC-HMS（hydraulic engineering center hydrologic modeling system）是美国陆军工程师兵团水文工程中心（HEC）发布的模拟降雨径流的水文建模系统，可以长时间连续水文过程模拟，使用网格单元代表流域的分布径流计算，流域模型图如图 5-15 所示。HEC-HMS 在我国洪水模拟研究中得到广泛应用。

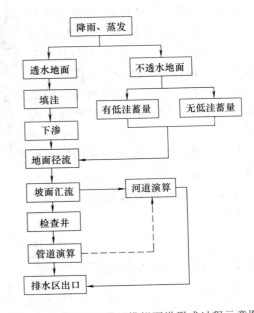

图 5-13　SWMM 模型模拟雨洪形成过程示意图

图 5-14   WMS 自动流域划定和水文建模图

（2）GSSHA 模型   GSSHA（gridded surface subsurface hydrologic analysis）模型是分布式（二维）水文模型，能够模拟地表径流、江河水道水文环境、地表和地下水交汇区水质变化和泥沙输送。

（3）TR-20 模型   该模型能计算自然或人工合成暴雨事件产生的地表径流，由美国农业部自然资源保护局（NRCS）研发，属集总式模型。其参数和下渗曲线在我国的适用性还需验证。

（4）TR-55 模型   该模型是一种简便计算小暴雨产生的径流和城市化的流域的集总式模型，也是由 NRCS 研发的。其参数和下渗曲线在我国的适用性同样还需验证。

WMS 在中国的流域规划、径流预测等方面有所应用。

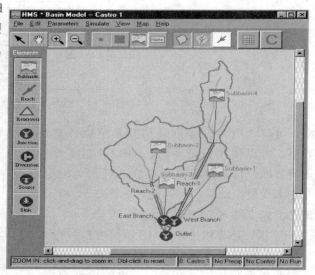

图 5-15   HEC-HMS 流域模型图

## 5.3.2   河流水文水力模型

从海绵城市角度看，河流是城镇用水的主要来源，是雨污排放和污染扩散的主要通道，同时也是城镇洪水威胁的决定因素。从模拟对象看，河流水文水力模型主要模拟水流的本体运动和水化学水质变化、泥沙运动、河床和地貌演变、河流资源的可持续利用和河流生态系统的健康程度。适用于海绵城市河流尺度的水文水力模型有 HEC-RAS、TUFLOW、

MIKE11、Autodesk Civil 3D（river and flood analysis module）等。宏观层面通常在流域水文模型中用二维地表和一维线性河流模型来耦合流域和河流的水文联系。

### 5.3.2.1　HEC-RAS 模型

HEC-RAS（hydrologic engineering center river analysis system）是由美国陆军工程兵团水文工程中心开发的水面线计算软件包，适用于河道稳定和非稳定流一维水力计算，其功能强大，可进行各种涉水建筑物（如桥梁、涵洞、防洪堤、堰、水库、块状阻水建筑物等）的水面线分析计算，同时可生成横断面形态图、流量及水位过程曲线、复式河道三维断面图等各种分析图表，使用起来十分方便简捷。HEC-RAS 模型可独立运行，也可集成于 WMS 软件中。模型所得结果可以用于洪水区域管理以及洪水安全研究分析，用以评价洪水淹没区域的范围及危害程度。如在进行河道整治以及新建桥梁等工程的时候，就要分析考虑河道壅水高度、流速变化、桥涵冲刷等这些因素对河流输水、城市防洪的影响。HEC-RAS 计算流程及模型主界面如图 5-16、图 5-17 所示。

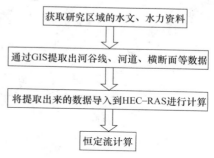

图 5-16　HEC-RAS 计算流程

图 5-17　HEC-RAS 主界面

### 5.3.2.2　MIKE11

与 HEC-RAS 类似，MIKE11 是一维河道、河网综合模拟软件，主要用于河口、河流、灌溉系统和其他内陆水域的水文学、水力学、水质和泥沙传输模拟。MIKE11 包含水动力学、降雨径流、对流扩散、水质、泥沙输运、富营养化、重金属分析等模块。它可以和 MIKE URBAN 城市管网模型完全耦合。

MIKE11 是动态模拟河流和水道水力的世界级标准，具有无限的河流模拟能力。MIKE11 为河流水动力和环境模拟提供功能强大的和最全面的方法。以河流作为起点，可以使用 MIKE11 设计、管理和运行河流系统。使用 MIKE11 可以轻松地将分析扩大至泥沙输运和水质。MIKE11 还能扩展研究范围，用详细的地下水-地表水模型 MIKE SHE 或简单的降雨径流模型模拟流域过程。把 MIKE11 与 MOUSE 结合使用，便可获得先进的下水道系统和受纳水体的模拟技术。MIKE11 已经被美国联邦应急管理局（FEMA）拟准应用于"全国洪水保险计划"相关的项目中。MIKE11RR 模拟的水文过程如图 5-18 所示，MIKE11 模拟软件界面如图 5-19 所示。

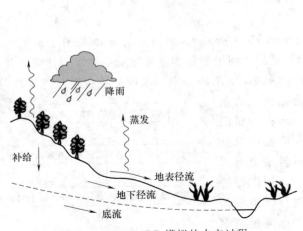

图 5-18　MIKE11RR 模拟的水文过程

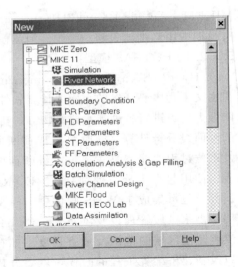

图 5-19　MIKE11 模拟软件界面

### 5.3.2.3　TUFLOW

由澳大利亚 WBM 公司联合昆士兰大学共同开发的 TUFLOW 是一维和二维耦合模型，一维求解圣维南方程，二维采用有限差分法求解自由表面水流浅水水动力学方程，适合模拟洪水、潮汐、对流扩散、泥沙输运、河道地形演变、城市排水及其二维内涝淹没。高效快速的二维模拟是该模型的最大优势。TUFLOW 模型本身无界面，集成于 MapInfo GIS 系统或作为水文软件的计算模型。Aquaveo 公司模拟河流流场及浓度场的软件 SMS（surface-water modeling system）和 XPSoftware XP-SWMM 均采用 TUFLOW 作为河道水力及二维洪水淹没计算的引擎，SMS 软件模拟界面如图 5-20 所示。

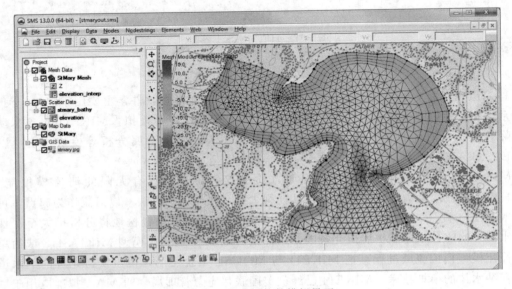

图 5-20　SMS 软件模拟界面

### 5.3.3　城镇水文水力模型

城市地表覆盖种类多且分布复杂，城市水文的计算比流域水文更为困难，要求精度更高。城镇水文模型通常是地表产流水文模型和管网水力模型的耦合，如图 5-21 所示。注重城镇水文系统的时空变化，重点分析汇水区地表产汇流及入渗、城市洪涝区域、有机物和污染物扩散、城市雨洪管网系统负荷规划和系统设计、城市河道的洪涝威胁及低影响开发设施的空间分布、类型和规模等，是海绵城市规划和建设的核心内容。

欧美发达国家从 20 世纪 60 年代起开始研制满足城市排水、防洪、环境治理等方面要求的城市雨洪模型，但多偏重于管网模型。近年来，城镇尺度的水文水力模型逐渐从单一模型向综合模型转变，与河道系统耦合，二维洪涝模拟、三维水动力模拟、智能化管理等正成为未来发展的趋势。随着低影响开发概念的深入影响，各模型均开始支持 LID/BMPs、SUDS、WSUD 等不同的低影响开发设施的模拟。适用于中国海绵城市建设并具备低影响开发设施模拟能力的城镇水文水力模型及软件平台构成如图 5-21 所示。

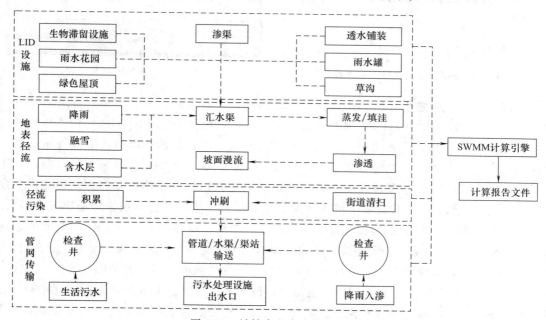

图 5-21　城镇水文水力模型构成

#### 5.3.3.1　SWMM 模型

美国环保署（EPA）开发的 SWMM（storm water management model）是目前世界上研究最深入、应用最成熟的城市水文模型，经过不断完善和升级，目前已经发展到 SWMM5.1 版本。

SWMM 是动态的降雨径流模拟模型，包含了水文、水力、水质模块，主要用于规划和设计阶段，其主要特点与原理如图 5-22 所示。它具备模拟城市降雨径流运动过程（包括地面径流和排水系统中的水流、雨洪的调蓄处理过程）和 BOD、COD、总磷、总氮等八种污染物的迁移扩散过程等功能。该模型把每个子流域概化成透水地面、有滞蓄库容的不透水地面和无滞蓄库容的不透水地面三部分，利用下渗扣损法或径流曲线法（soil conservation service，SCS）进行产流计算，坡面汇流采用非线性水库法，管网汇流部分提供了恒定流演算、运动波演算和动态波演算三种方法。其演算界面如图 5-23 所示。

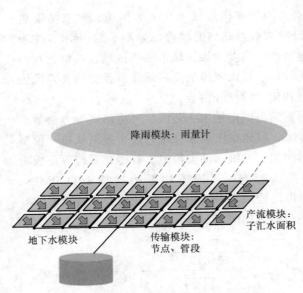

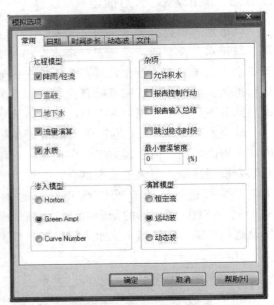

图 5-22 SWMM 主要特点与原理                图 5-23 SWMM 演算界面

　　SWMM5.0 版本之后增加了对 LID/BMPs 的支持，成为世界上最主要的低影响开发设施计算模型，它将 LID/BMPs 单独划分成子汇水区，适用于小地块的 LID 模拟，也可以将单个或多个 LID 设施混合置于同一个子汇水区内作为子汇水区的一部分，取代等量的子汇水区内的非 LID 面积，在这种方式下，无法明确指定 LID 设施的服务区域及处置路径，主要适用于较大区域的 LID 集成技术及雨洪控制效果模拟。LID 设施位置和面积确定后，设定具体参数，低影响开发设施被分解为表层、路面层、土壤层、蓄水层、暗渠层五个层次，并以此概化各类 LID 设施，模拟过程中执行含湿量平衡，跟踪水在每一 LID 层之间的移动和存储。SWMM 5.1 版本目前支持生物滞留设施、雨水花园、绿色屋顶、渗渠、透水铺装、雨水罐、草沟七种预定义设施，原则上也可以通过改变参数模拟其他类型的设施。计算完成后，SWMM 的状态报告包含了 LID 性能总结，说明了每一子汇水面积内每一 LID 控制的总体水量平衡，水量平衡的组件包括总进流量、渗入、蒸发、地表径流、暗渠，以及初始和最终蓄水容积。SWMM 不仅能模拟城镇尺度下低影响开发设施对海绵城市径流量、径流峰值及水质的影响，也能评估单体 LID 设施的性能。图 5-24～图 5-28 是某一地域分析结果示意图。

　　SWMM 模型依然存在一些缺陷。由于 SWMM 模型是概念模型，所以部分参数需要结合实测结果率定，才能保证计算结果的可靠性，需要率定的参数主要有地表洼蓄深、地表曼宁系数、排水通道曼宁系数、子流域漫流宽度、下渗参数、日蒸发参数等。这增加了模型的使用难度，限制了模型的使用范围。SWMM 模型同其他免费模型一样，缺乏便捷强大的数据输入、输出端口，无法直接导入通用 cad 格式，也无法自动提取地表参数，使前期输入工作十分烦琐且不精确。以 SWMM 模型为核心，衍生出很多商业软件包，形成了庞大的SWMM 模型家族，如加拿大水利研究所（CHI）的 PCSWMM、XPsolution 的 XPSWMM，

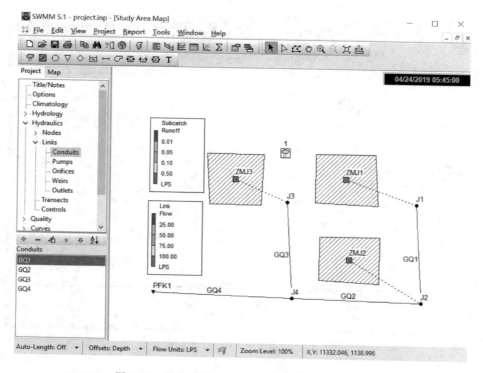

图 5-24　某一地域 SWMM 运行结果色阶图展示

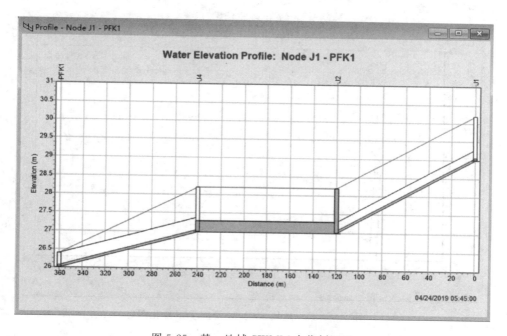

图 5-25　某一地域 SWMM 水位剖面图

它们整合了地理信息系统引擎，具有完备的数据输入、信息管理和后处理模块，还针对 SWMM 只能进行一维分析的不足，增加了 TUFLOW 模型进行一维和二维地表径流和洪涝模拟分析的功能，更加形象、直观、准确。

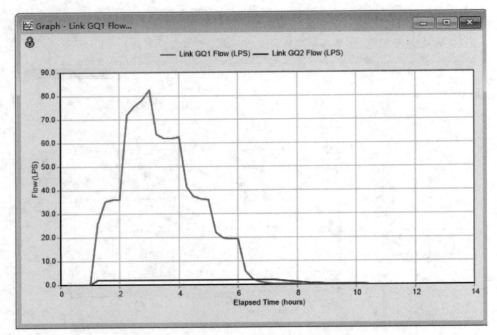

图 5-26　某一地域 SWMM 管段流量图

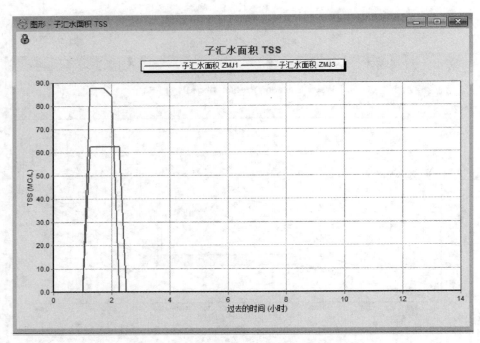

图 5-27　某一地域 SWMM 管道 TSS 变化图

### 5.3.3.2　Info Works ICM 模型

英国 Innovyze 公司开发的 Info Works ICM 及系列软件族，以自行开发的水文模型为核心，可以完整模拟城市雨水循环系统，实现了城市排水管网系统模型与河道模型的耦合，更为真实地模拟地下排水管网系统与地表受纳水体之间的相互作用，并支持英国的 SUDS 标

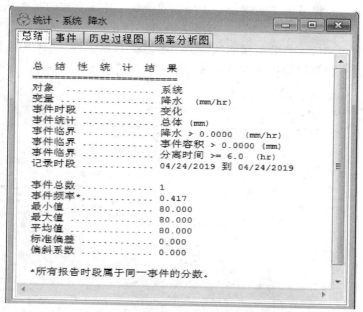

图 5-28  某一地域 SWMM 统计分析报告

准。该模型软件在国内水务部门应用较为普遍。其排水能力分析流程如图 5-29 所示。

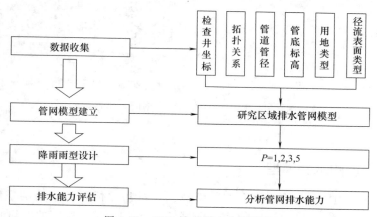

图 5-29  ICM 排水能力分析流程

### 5.3.3.3  MOUSE（MIKE URBAN）模型

MOUSE 是丹麦水力学研究所（DHI）开发的排水管网水文水力耦合模型。最新发布的 MIKE URBAN 集成了 GIS 模块，包括 MOUSE、SWMM 两个引擎。MILE URBAN 具备分析 LID/BMPs 的能力，该模型的主要界面如图 5-30 所示。

### 5.3.3.4  MUSIC 模型

MUSIC（model for urban stormwater improvement conceptualization）模型由澳大利亚政府水服务机构 eWater 和 Monash University 为澳大利亚水敏感城市（WSUD）开发。模型将流域分解成一系列由排水渠道相连的节点。流域包含一系列源节点的子流域，默认的源节点按土地利用分为城市、农业、森林三种类型，可以快速地模拟池塘、植物、下渗缓冲区、沉积区、污染物沉淀池、湿地以及洼地等暴雨控制设施，提供完整的 LID/BMPs 支持。

针对澳大利亚各城市和郡县的不同气候、土壤和建设状况建立专用的基础数据库，提供完善的水敏感城市建设导则，计算 LID 设施的经济效益。该模型界面友好，适合于非研究机构的实践分析和水管理部门进行效益预测核算。由于基础数据不同，MUSIC 目前在我国还没有得到应用，但其开发模式值得我国海绵城市的主管部门借鉴。

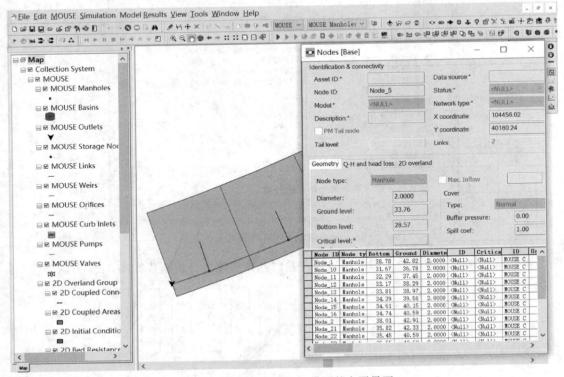

图 5-30　MIKE URBAN 模型的主要界面

## 5.3.4　单元尺度的水文模型

单元层面注重 LID 设施的具体实施，模拟、分析和评估各类设施的空间分布、规模、效能、环境影响及经济效益，与设计和实践结合最为密切。单元层面的海绵城市水文模型可分为两大类型，即单体模型和综合分析模型。

### 5.3.4.1　单体模型

单体模型是专门注重于模拟、分析和评估单一或成组 LID 设施水文和水质效能的模型。简单的经验模型如美国社区技术中心（The Center for Neighborhood Technology）开发的绿值雨水计算器（green values stormwater calculator），通过 SCS 下渗法计算 LID 设施的性能、规模和效益。基于物理模拟方法比较典型的是由威斯康星州（Wisconsin）大学研发的 RECARGA，其计算流程如图 5-31 所示。RECARGA 对不同设计要素下生物滞留池的水文性能进行分析，从而为生物滞留池的合理设计提供理论依据。RECARGA 采用 TR-55CN 程序分别模拟研究区的透水性区域及不透水性区域的径流量，运用 Green-Ampt 方程模拟蓄水层至介质层土壤的入渗，并通过 van Genuchten 非线性方程模拟控制土壤层内（介质层至砂砾层）砂砾层至天然土壤间的水分运动。利用 RECARGA 可以对生物滞留池的各项要素如面积、根区土壤特性等反复进行设计模拟，从而达到特定的性能目标。

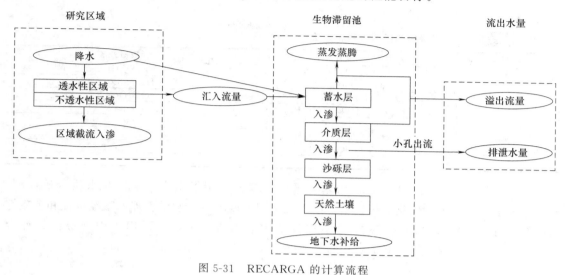

图 5-31　RECARGA 的计算流程

### 5.3.4.2　综合分析模型

LID/BMPs 技术众多，其技术特征、经济和社会特征各不相同，需要在建设前从系统的角度结合城市布局、土地利用、景观建设以及区域排水体系，筛选适用的技术，并对其规模和数量进行布局优化。综合分析模型一般不但可以分析 LID 设施的水文效能，而且具备空间布局规模分析优化、设施间水文输送、小尺度区域雨洪分析等综合功能。在国内应用最多的是 EPA 的城市降雨径流控制的模拟与分析集成系统 SUSTAIN（system for urban stormwater treatment and analysis integration），用于城市开发区内 LID/BMPs 选址、布局、模拟和优化的决策支持系统。

SUSTAIN 中的核心模拟过程包括土地模拟、BMP 模拟和传输模拟。SUSTAIN 的土地模拟模块包括气象、水文和水质三个组件，气象组件涉及降雨（雪）、融雪和蒸发过程，水文组件主要包括渗透、坡面漫流和地下水等降雨径流过程的模拟，水质组件基于水文组件计算出的总流量计算污染物的传输。土地模块中的模拟过程和方法见表 5-5。

**表 5-5　土地模块中的模拟过程和方法**

| 项目 | 过程 | 模拟原理和方法 | 参考模型 |
|---|---|---|---|
| 气象组件 | 降雨（雪） | 依据气象数据输入 | SWMM |
| | 融雪 | Degree-Day 方程，NWS 方程 | SWMM |
| | 蒸发 | 恒定蒸发速率，月平均蒸发量，用户自定义时间序列 | SWMM |
| 水文组件 | 渗透 | Green-Ampt 方法 | SWMM |
| | 坡面漫流 | 非线性水库模型 | SWMM |
| | 地下水模拟 | 改良的双区域地下水模型（Two-zone groundwater model） | SWMM 及 HSPF |
| 水质组件 | 非沉积污染物累积 | 幂级数累积公式，指数函数累积公式，饱和雨数累积公式 | SWMM |
| | 非沉积污染物冲刷 | 指数冲刷曲线，流量特性冲刷曲线，次降雨径流平均浓度 | SWMM |
| | 沉积物侵蚀和传输 | 对于透水地表，沉积物的产生和去除采用 HSPF 中的 SEDMNT 方法 | HSPF |
| | | 对于不透水地表，沉积物累积和冲刷的模拟方法同非沉积污染物 | SWMM |
| | 沉积物粒径分配 | 用户自定义 | HSPF |
| | 街道清扫 | 用户自定义污染物去除率 | SWMM |

SUSTAIN 中 BMP 模块的模拟方法主要参考乔治王子郡的 BMP 模型。BMP 模块中的模拟过程和方法见表 5-6。

**表 5-6** BMP 模块中的模拟过程和方法

| 项目 | 模拟方法 1 | 模拟方法 2 |
|---|---|---|
| 流量演算 | 堰、孔口平衡方程 | 对于线状 BMP，采用连续方程和曼宁方程 |
| 渗透 | Green-Ampt 方法 | Holtan-Lope 方程 |
| 蒸发损失 | 恒定蒸发速率，月/日平均蒸发量 | Harmon 方法 |
| 污染物传输 | 完全混合（单一 CSTR） | 多级串联 CSTR |
| 污染物去除 | 一级降解方程 | $k$-$C^*$ 模型 |
| 缓冲带流量演算 | 动力波坡面漫流方程 | — |
| 缓冲带污染物拦截 | VFSMOD 算法 | — |
| 缓冲带污染物去除 | 一级降解方程 | — |

SUSTAIN 采用 ArcGIS9.3 作为基础平台，综合应用了水文、水力和水质分析模型，同时考虑了成本管理和优化分析技术，以实现不同尺度流域中暴雨管理方案经济性和有效性的评估和分析。因此，SUSTAIN 并不仅仅适用于微观层面，也适用于中观层面的综合 LID/BMPs 分析和优化。SUSTAIN 的系统框架如图 5-32 所示。

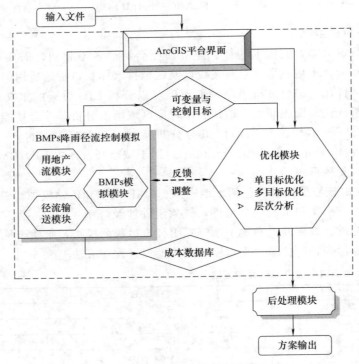

图 5-32　SUSTAIN 的系统框架

SUSTAIN 采用了模块结构进行系统设计，共包括框架管理、BMP 布局、土地模拟、BMP 模拟、传输模拟、优化和后处理程序七个模块。用地产流模块采用 SWMM 模型；LID/BMPs 模拟模块包含了 10 余种 LID/BMPs 措施单体和集成式 LID/BMPs 组件，可对不同 LID/BMPs 措施对降雨径流和径流污染物的控制进行模拟；径流输送模块采用 HSPF 模型对不同地块之间、不同 LID/BMPs 措施之间径流和污染物传输进行模拟；优化模块则基于给定的可变量和优化目标，通过分散搜索算法、遗传算法等优化算法对不同的情景方案进行比较分析，给出满足目标要求的最优方案；最后，通过后处理模块将优化的结果以降雨径流控制评价、LID/BMPs 控制功效总结、优化方案成本-效益曲线等可视化的方式表现出来。SUSTAIN 系统将 BMP 措施划分为点状、线状和面状三种类型。点状 BMP 措施包括渗透池、干塘、人工湿地、砂滤池、蓄水池等；线状 BMP 措施主要包括植草沟、渗透沟和植被缓冲带等；面状 BMP 措施包括透水铺装和绿色屋顶等。BMP 模块综合考虑这些 BMP 措施的孔堰控制结构，以及渗透、蒸发和植物生长等过程，进行径流演算及污染物损失、降解和传输过程的模拟。SUSTAIN 内置了一个可独立在 ArcGIS10.1 中运行的 BMP 布局工具（BMP siting tool），可由用户设置 BMP 措施的布局规则（如排水区域面积、场地坡度、土地类型、地下水位深度、道路缓冲区、河流缓冲带和建筑缓冲区要求距离等），BMP 布局工具可自动搜寻符合设置条件的 BMP 措施布置区域。SUSTAIN 的应用流程如图 5-33 所示。

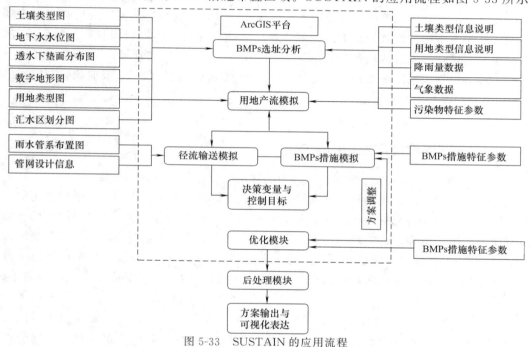

图 5-33　SUSTAIN 的应用流程

除了免费的 SUSTAIN 系统外，XPsolution 公司商业软件 XPdrainge 可以对 LID 设施和小区域雨洪水文水质进行更精细的模拟和设计。它支持数字 DEM 模型快速建立地表二维模型，决定降雨径流的主要路径、积水区域以及设置排水设施的最佳位置。支持容积计算、水质计算、动态分析组合了设计降雨以及时间序列数据用于水文分析。动态分析主要展现：污染物的去除；降雨径流滞蓄效果；排水及连接设施、控制的详细流量和深度过程模拟。

# 5.4　GIS 在海绵城市规划设计中的应用

## 5.4.1　GIS 技术概述

GIS 技术是一门空间信息技术，它本身不能完成规划和解决社会经济发展问题，但是它是规划设计工作中非常有用和重要的工具，在资源和环境规划方面具有广泛用途，在雨水资源利用中也具有重要作用。在决策支持系统的辅助下，对降雨量、坡度、土壤质地、土壤厚度、排水和土地利用等因素进行综合分析，可为雨水储存设施选址提供科学依据。利用 GIS 技术，将坡度、排水密度和径流系数等专题图层与合适的权重合成后可获得雨水采集系统潜力图，为系统优化提供依据。GIS 和 RS 技术相结合，有助于对雨水资源总量、利用潜力、设施选址等做出科学合理的分析，是未来海绵城市研究中重点加强的方向之一。

GIS 有着十分强大的管理空间信息的功能，并且可以把社会、经济、人口等属性信息与地表空间位置相连，以组成完整的规划信息数据库，方便查询、管理、分析、调用和显示。同时，GIS 也提供了许多地理空间分析功能，如图层叠加、缓冲区、最佳路径、自动配准等，因此 GIS 在城市规划中不仅是数据库，而且提供了强有力的工具。

GIS 可应用于海绵城市规划领域的各个方面，从设计到管理、从前期资料收集整理到成果出图、从小范围的详细规划到大的区域规划、从综合性的总体规划到专业性的专项规划、从项目选址到可持续发展战略制定，总之，把 GIS 引入城市规划领域，可以提高规划工作的效率，改善规划成果的准确性和合理性，同时能监控城市发展状况，及时调整制定城市发展战略。

## 5.4.2 GIS 在海绵城市规划中的应用

如图 5-34 所示，GIS 在海绵城市规划中的应用主要包括如下四个方面：

（1）GIS 技术与城市规划和设计的结合　城市规划以复杂的城市社会、经济、历史、文化的空间表达为主要研究对象，因而需要引入更为宽广和更为深入的系统分析观点。因此，可以将研究城市的范围分为宏观、中观、微观三个层次。宏观层次对应于"区域发展"理论中的"区域"，可将城市看成是区域空间的一个点、增长中心或核心。中观层次对应于城市市域、城市本身、城市中的区，将城市本身看成一个面。微观层次对应于街区、规划小区，将城市看成一种立体空间。

① 宏观整合——区域持续发展　区域规划侧重了大范围的经济、工农业发展，以及城镇空间体系的规划，在这个层次中，主要发挥了 GIS 对区域空间的数据管理、空间分析的功能，并可以集成各种分析模型对经济、人口、城镇布局进行预测和分析；对于三维方面，主要侧重于小比例尺的地形的展示、查询和分析。

② 中观整合——总体、分区规划与管理　在总体规划、分区规划层次上同城市规划的整合重点体现在三维可视化地理信息系统与遥感技术以及其他信息技术的结合。人们除了利用航空遥感技术之外，还利用卫星遥感资料进行城市环境综合评价、土地利用监测等；利用 CAD 技术辅助绘图；利用 GIS 技术进行叠加分析、缓冲区（Buffer）分析、门槛分析、专题图制作，并建立总体规划数据库，实现总体规划实施的辅助管理，并向辅助决策支持系统发展。

③ 微观整合——详细规划与城市设计及事务处理　城市规划与三维可视化 GIS 在微观层次上的整合就是利用三维可视化 GIS 技术，并集成 CAD、OA 等实现详细规划和城市设计的辅助设计与规划管理办公自动化。

（2）基础资料提供与分析　城市规划所需的资料数量大、范围广、变化多，为了提高城市规划工作的质量和效率，可以使用遥感信息技术、GIS 进行数据获取、数据处理检索和分析判断。

城市规划主要需要城市勘察资料、城市测量资料、城市水文资料、气象资料、城市历史资料、经济与社会发展资料、城市人口资料、自然资源资料、城市土地利用资料、各类单位的现状及规划资料、交通运输资料、各类仓储资料、建筑物现状资料、工程实施资料、城市园林绿地风景区资料、城市环境资料。其中，城市勘察资料、城市测量资料、建筑物现状资料、城市土地利用资料、各类单位的现状及规划资料、交通运输资料、各类仓储资料、城市园林绿地风景区资料等都涉及三维的空间数据；城市环境资料、城市历史资料、经济与社会发展资料、城市人口资料、自然资源资料、工程实施资料也和城市的空间发生不同层次的关系，以空间地物的属性存储在 GIS 的数据库中。基础地图、遥感数据、规划法规/细则库以及建设项目相关的相应信息应该由城市规划管理部门提供，做到数据的共享。城市规划管理部门根据所进行规划项目的要求提供相应数据。

（3）辅助城市规划设计　运用遥感数据和 GIS 对城市地理空间信息强大的管理和分析功能，能准确计算人口密度和建筑容量，进行有关城市总体规划的各项技术经济指标分析，完成城市规划、道路拓宽改建过程中拆迁指标计算，从而有效确定各类用地性质，辅助城市用地选择和建设项目合理选址；确定详细规划范围内的道路红线、道路断面以及控制点的坐标、标高；合理安排各项工程管线、工程构筑物的位置和用地等。运用三维 GIS 技术可以极大地提高城市规划的科学性。

城市规划从平面设计和建模阶段到表现和最后决策阶段，需要不同详细程度的数据，要从小比例尺到大比例尺，从二维到三维等不同的方面描述现实。每一个阶段都需要 GIS 的不同的功能。

规划平面研究阶段要研究可能遇到的问题，并且要进行相关信息的收集。经过一次对问题的分析之后，可以得出几个小比例尺的方案草图。专家们要从不同的方面和尺度分析设计方案对环境的影响，不同的变量之间就会产生比较，从这之中，选出两个到三个主要的变量进行更深一步的详细考虑。在这一阶段，GIS 的使用基本是利用其标准的二维功能，用于创建和操作地理实体，并用于考虑到交通、人口、经济参数、环境问题等影响的分析。典型的分析包括缓冲区、叠加、网络和近似性分析。建模被限定为符号性的和抽象的实体，即仅仅通过位置和轮廓来显示对象。可视化是通过二维地图和图表实现的。

规划设计和建模阶段，要详细考虑最后剩余的两三个方案。建筑物和构筑物尺寸得到细化，并被绘制成三维对象，但是整个的形体仍旧很简单，没有很多的细节，更重要的是大小、尺度、对象之间的关系和对象的总体布置等。这个阶段的核心内容是如何安排和操作不同组成部分，并分析它们在整体解决方案中的角色。通常用三维的几何相似模型进行可视化。交互作用包括操作和安排对象。一旦做出了总体布置，注意的焦点就会转移到技术的细节和实现的问题上。在这一阶段，GIS 的使用从二维转移到三维模型和分析中。建筑物和构筑物用 CAD 系统建模，并与 GIS 中的数据相连接，三维的信息用于计算体积、距离、声音等高线、阴影、视线等。

（4）城市规划分析和决策　城市规划设计的专业性很强，是城市规划管理的基础。以往的城市规划设计以手工作业为主，随着 CAD 技术的发展，手工作业的情况已经得到了很大的改观，工作效率也得到了大幅度的提高。但是，由于城市规划设计比其他设计对空间信息的依赖程度更大，因此，三维 GIS 可以为城市规划领域带来新的变革。

规划决策阶段，一旦设计方案达到了可以实施的提议水平，它就会以某种形式被展现给所有决策制定者。这种形式可以是图纸的表达也可以是模型的表达。不同的变量和各个备选方案会做比较，并把结果清晰地呈现给所有进行评估和决策的人。方案表现得越现实，评定方案的过程中越容易交流。

GIS在这个阶段的分析包括新设计方案对其周围环境的影响。方案的评估要考虑到以下几个方面，即方案的开发、维护、可用性和环境质量。视觉分析是规划过程中这一阶段比较重要的任务，更为实际的可视化将会提高方案的表达效果。

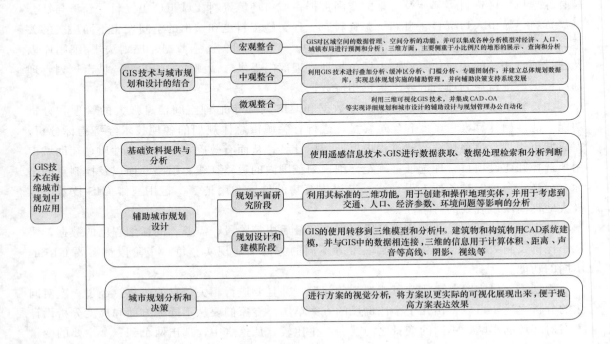

图 5-34　GIS 在海绵城市规划中的应用

### 5.4.3　海绵城市生态敏感性综合评价

总体规划编制审批办法框架下，海绵城市规划设计首先需要分析识别城市生态敏感地区，确保城市规划用地布局避开城市生态高敏感地区，最大限度保护城市原有"山、水、林、田、湖"，维护城市原有生态安全格局。由中国城市规划设计研究院等单位联合编制的《对海绵城市专项规划的若干认识》中提出的"海绵城市建设分区指引步骤"包括"海绵生态敏感性分析"，并提出"在海绵生态敏感性分析中，采用层次分析法和专家打分法，给各敏感因子赋权重，通过 ArcGIS 平台进行空间叠加，得到海绵城市生态敏感性综合评价结果"。

（1）敏感因子选取　海绵城市生态敏感性是区域生态中与水紧密相关的生态要素综合作用下的结果，涉及河流湖泊和城市绿地等现有资源的保护、潜在径流路径和蓄水地区管控、洪涝和地质灾害等风险预防、生物栖息及环境服务等功能的修复等。具体的因子可包括河流、湿地、水源地、易涝区、径流路径、排水分区、高程、坡度和各类地质灾害分布、植被分布、土地利用类型、生物栖息地分布及迁徙廊道等。

（2）敏感因子权重赋值　为了对各敏感因子的重要性进行更加科学和客观的比较评价，

采取了座谈会、与专家对话等方式开展专家打分法进行敏感因子权重赋值，权重赋值具有一定的科学性和代表性。

（3）生态敏感度评价等级划分　生态敏感度评价等级可通过专家咨询、论证来确定。一般划分为极敏感区、高度敏感区、中度敏感区、轻度敏感区和不敏感区五个等级，也可以划分为高敏感区、较高敏感区、一般敏感区、较低敏感区和低敏感区。具体划分应当根据规划城市地区的实际情况确定。

（4）生态敏感性评价与分析

① 数据源　高程数据采用地形图数据，并由其派生出坡度数据；水域数据采用规划数据并由其生成水域缓冲区数据和相关需要的数据；植被分布数据采用土地利用规划数据；地质灾害数据采用地质灾害调查数据。

② 生态敏感度计算　在生态敏感性评价方法的基础上，可采用 GIS 技术（ArcGIS 平台）进行生态敏感度的计算。首先进行数据预处理；在数据预处理之后进行生态敏感度单因子计算，通过 ArcGIS 软件的矢量数据属性赋值、要素转栅格、重分类等工具，对每个敏感因子分别赋予相应的生态敏感度评价值，得到每个单因子的生态敏感度；最后进行各因子加权叠加运算，采用 ArcGIS 空间分析中的栅格计算器，按照各因子权重，对各因子的生态敏感度进行加权叠加运算，得到该规划区生态敏感度综合评价值。

按照上述确定的生态敏感度评价等级划分标准，对该规划区生态敏感度综合评价值进行等级划分，将其划分为极敏感区、高度敏感区、中度敏感区、轻度敏感区和不敏感区五个等级区域，并制作生态敏感性综合评价图（图 5-35）进行分析。

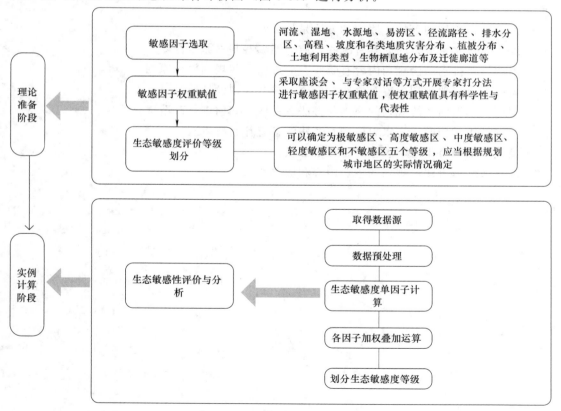

图 5-35　生态敏感性评价流程图

（5）海绵城市规划生态敏感性评价因子选取原则　评价因子的选择直接决定了评价结果的好坏与准确性，在海绵城市的分析中尤其要注重水系的影响。除此之外，评价因子的选择还应该遵循以下原则：

① 科学性　在进行生态因子的选择时，应考虑理论上的完备性、科学性和正确性，所选因子指标概念必须明确，且具有一定的科学内涵。

② 可操作性　评价因子一般处于社会和自然的各个领域，选取评价因子应尽量源于客观可获得数据源，对于城区生态敏感性的程度评价，因子的内容应具备较好的可实践性。

③ 代表性　影响城区生态敏感性的因子有很多，各种因子对城区生态敏感性的影响程度存在轻重差异，不同因子中的一些因子也具有一定的相关性。为了更好地评价城区生态敏感性，应选取具有典型代表意义的因子进行评价，且各类典型因子尽量避免相近变量，使评价因子具有代表性。

④ 简洁与聚合性　简洁与聚合常常被作为因子选择的主要原则。简洁使因子容易使用，聚合有助于全面反映问题。

⑤ 区域完整性　城市中的规划和人为活动主要以行政区为单元进行划分，但实际上生态敏感分区很难与行政区划相一致。因此，进行生态敏感性分析时，应结合行政区划和生态区划，保持区域的完整性、连续性及一贯性。

## 思　考　题

1. 海绵城市专项规划包括哪些内容？城市总体规划各层次海绵城市建设的基本要求有哪些？

2. 海绵城市规划的目标、原则和方法是什么？

3. 海绵城市水系规划的内容有哪些？应遵循哪些基本原则？

4. 海绵城市排水防涝规划内容有哪些？应遵循哪些规划设计原则？

5. 海绵城市绿地规划内容有哪些？应遵循哪些规划设计原则？

6. 海绵城市道路系统规划的原则与方法有哪些？如何进行改造优化？

7. 海绵城市常用的水文水力模型有哪些？各有什么特点？

8. 简述海绵城市生态敏感性综合评价方法。

9. 简述海绵城市建设规划的主要内容和成果要求。

# 第6章

# 海绵城市建设实施

## 6.1 海绵城市建设技术框架

海绵城市——低影响开发雨水系统构建技术框架如图 6-1 所示。

具体落实时的几个关键技术环节如下：

（1）现状调研分析 通过对当地自然气候条件（降雨情况）、水文及水资源条件、地形地貌、排水分区、河湖水系及湿地情况、用水供需情况、水环境污染情况的调查分析，找出城市竖向、低洼地、市政管网、园林绿地等建设情况及存在的主要问题。

（2）制定控制目标和指标 应根据当地的环境条件、经济发展水平等，因地制宜地确定适用于各地的径流总量、径流峰值和径流污染控制目标及相关指标。

（3）建设用地选择与优化 本着节约用地、兼顾其他用地、综合协调设施布局的原则选择低影响开发技术和设施，保护雨水受纳体，优先考虑使用原有绿地、河湖水系、自然坑塘、废弃土地等用地，借助已有用地和设施，结合城市景观进行规划设计，以自然为主，人工设施为辅，必要时新增低影响开发设施用地和生态用地。有条件的地区，可在汇水区末端建设人工调蓄水体或湿地。严禁城市规划建设中侵占河湖水系，对于已经侵占的河湖水系，应创造条件逐步恢复。

（4）低影响开发技术、设施及其组合系统选择 低影响开发技术和设施选择应遵循以下原则：注重资源节约，保护生态环境，因地制宜，经济适用，并与其他专业密切配合。结合各地气候、土壤、土地利用等条件，选取适宜当地条件的低影响开发技术和设施，主要包括透水铺装、生物滞留设施、渗透塘、湿塘、雨水湿地、植草沟、植被缓冲带等。恢复开发前的水文状况，促进雨水的储存、渗透和净化。合理选择低影响开发雨水技术及其组合系统，包括截污净化系统、渗透系统、储存利用系统、径流峰值调节系统、开放空间多功能调蓄系统等。地下水超采地区应首先考虑雨水下渗，干旱缺水地区应优先考虑雨水资源化利用，一般地区应结合景观设计增加雨水调蓄空间。

（5）设施布局 应根据排水分区，结合项目周边用地性质、绿地率、水域面积率等条件，综合确定低影响开发设施的类型与布局。应注重公共开放空间的多功能使用，高效利用现有设施和场地，并将雨水控制与景观相结合。

（6）确定设施规模 雨水设施规模设计应根据水文和水力学计算得出，也可根据模型模拟计算得出。

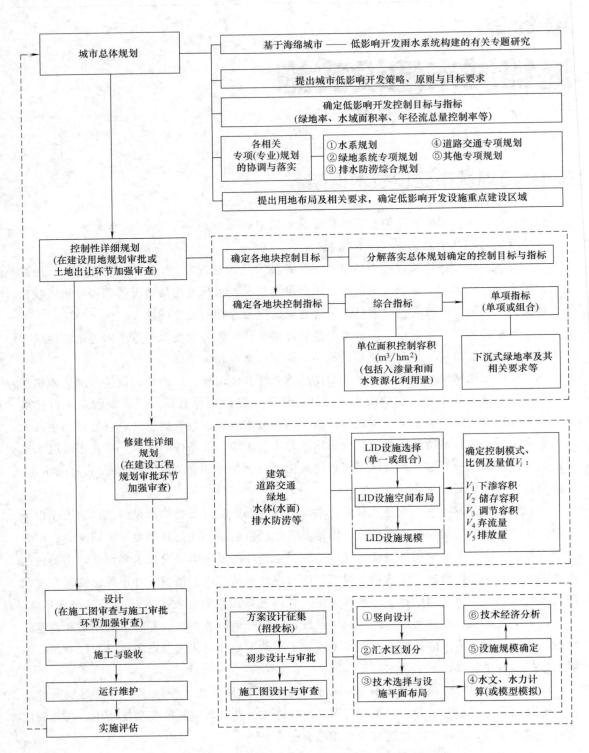

图 6-1 海绵城市——低影响开发雨水系统构建技术框架

## 6.2　工程建设基本要求

　　低影响开发是海绵城市建设的基础，低影响开发雨水系统适用于以下三个方面：一是指导海绵城市建设各层级规划编制过程中低影响开发内容的落实；二是指导新建、改建、扩建项目配套建设低影响开发设施的设计、实施与维护管理；三是指导城市规划、排水、道路交通、园林等有关部门指导和监督海绵城市建设有关工作。工程建设的基本要求如下：

　　① 城市规划、建设等相关部门应在建设用地规划或土地出让、建设工程规划、施工图设计审查、建设项目施工、监理、竣工验收备案等管理环节，加强对低影响开发雨水系统构建及相关目标落实情况的审查。

　　② 政府投资项目（如城市道路、公共绿地等）的低影响开发设施建设工程一般可由当地政府、建设主体筹集资金。社会投资项目的低影响开发设施建设一般由企事业建设单位自筹资金。当地政府可根据当地经济、生态建设情况，通过建立激励政策和机制鼓励社会资本参与公共项目低影响开发雨水系统的建设投资。

　　③ 低影响开发设施建设工程的规模、竖向和平面布局等应严格按规划设计文件进行控制。

　　④ 施工现场应有针对低影响开发雨水系统的质量控制和质量检验制度。

　　⑤ 低影响开发设施所用原材料、半成品、构（配）件、设备等产品，进入施工现场时必须按相关要求进行进场验收。

　　⑥ 施工现场应做好水土保持措施，减少施工过程对场地及其周边环境的扰动和破坏。

　　⑦ 有条件的地区，低影响开发雨水设施工程的验收可在整个工程经过一个雨季运行检验后进行。

　　在各地新型城镇化建设过程中，应推广和应用低影响开发建设模式，加大城市径流雨水源头减排的刚性约束，优先利用自然排水系统，建设生态排水设施，充分发挥城市绿地、道路、水系等对雨水的吸纳、蓄渗和缓释作用，使城市开发建设后的水文特征接近开发前，有效缓解城市内涝、削减城市径流污染负荷、节约水资源、保护和改善城市生态环境，为建设具有自然积存、自然渗透、自然净化功能的海绵城市提供重要保障。

## 6.3　工程建设实施的基本原则

　　海绵城市建设——低影响开发雨水系统构建的基本原则是规划引领、生态优先、安全为重、因地制宜、统筹建设。

　　（1）规划引领　城市各层级、各相关专业规划以及后续的建设程序中，应落实海绵城市建设、低影响开发雨水系统构建的内容，先规划后建设，体现规划的科学性和权威性，发挥规划的控制和引领作用。

　　（2）生态优先　城市规划中应科学划定蓝线和绿线。城市开发建设应保护河流、湖泊、湿地、坑塘、沟渠等水生态敏感区，优先利用自然排水系统与低影响开发设施，实现雨水的自然积存、自然渗透、自然净化和可持续水循环，提高水生态系统自然修复能力，维护城市良好的生态功能。

（3）安全为重 以保护人民生命财产安全和社会经济安全为出发点，综合采用工程和非工程措施提高低影响开发设施的建设质量和管理水平，消除安全隐患，增强防灾减灾能力，保障城市水安全。

（4）因地制宜 各地应根据本地自然地理条件、水文地质特点、水资源禀赋状况、降雨规律、水环境保护与内涝防治要求等，合理确定低影响开发控制目标与指标，科学规划布局和选用下沉式绿地、植草沟、雨水湿地、透水铺装、多功能调蓄等低影响开发设施及其组合系统。

（5）统筹建设 地方政府应结合城市总体规划和建设，在各类建设项目中严格落实各层级相关规划中确定的低影响开发控制目标、指标和技术要求，统筹建设。低影响开发设施应与建设项目的主体工程同时规划设计、同时施工、同时投入使用。

# 6.4 规划的实施

在城市总体规划阶段，应加强相关专项（专业）规划对总体规划的有力支撑作用，提出城市低影响开发策略、原则、目标要求等内容；在控制性详细规划阶段，应确定各地块的控制指标，满足总体规划及相关专项（专业）规划对规划地段的控制目标要求；在修建性详细规划阶段，应在控制性详细规划确定的具体控制指标条件下，确定建筑、道路交通、绿地等工程中低影响开发设施的类型、空间布局及规模等内容；最终指导并通过设计、施工、验收环节实现低影响开发雨水系统的实施。低影响开发雨水系统应加强运行维护，保障实施效果，并开展规划实施评估，用以指导总规及相关专项（专业）规划的修订。城市规划、建设等相关部门应在建设用地规划或土地出让、建设工程规划、施工图设计审查及建设项目施工等环节，加强对海绵城市——低影响开发雨水系统相关目标与指标落实情况的审查。

## 6.4.1 规划实施的基本要求

城市人民政府应作为落实海绵城市——低影响开发雨水系统构建的责任主体，统筹协调规划、国土、排水、道路、交通、园林、水文等职能部门，在各相关规划编制过程中落实低影响开发雨水系统的建设内容。

城市总体规划应创新规划理念与方法，将低影响开发雨水系统作为新型城镇化和生态文明建设的重要手段。应开展低影响开发专题研究，结合城市生态保护、土地利用、水系、绿地系统、市政基础设施、环境保护等相关内容，因地制宜地确定城市年径流总量控制率及其对应的设计降雨量目标，制定城市低影响开发雨水系统的实施策略、原则和重点实施区域，并将有关要求和内容纳入城市水系、排水防涝、绿地系统、道路交通等相关专项（专业）规划。

分区规划的城市应在总体规划的基础上，按低影响开发的总体要求和控制目标，将低影响开发雨水系统的相关内容纳入其分区规划。详细规划（控制性详细规划、修建性详细规划）应落实城市总体规划及相关专项（专业）规划确定的低影响开发控制目标与指标，因地制宜落实涉及雨水渗、滞、蓄、净、用、排等用途的低影响开发设施用地，并结合用地功能和布局，分解和明确各地块单位面积控制容积、下沉式绿地率及其下沉深度、透水铺装率、绿色屋顶率等低影响开发主要控制指标，指导下层级规划设计或地块出让与开发。

有条件的城市（新区）可编制基于低影响开发理念的雨水控制与利用专项规划，兼顾径流总量控制、径流峰值控制、径流污染控制、雨水资源化利用等不同的控制目标，构建从源头到末端的全过程控制雨水系统。利用数字化模型分析等方法分解低影响开发控制指标，细化低影响开发规划设计要点，供各级城市规划及相关专业规划编制时参考。落实低影响开发雨水系统建设内容、建设时序、资金安排与保障措施。也可结合城市总体规划要求，积极探索将低影响开发雨水系统作为城市水系统规划的重要组成部分。

## 6.4.2　规划控制目标的确定

规划控制目标一般包括径流总量控制、径流峰值控制、径流污染控制、雨水资源化利用等内容，如图6-2所示。各地应结合水环境现状、水文地质条件等特点，合理选择其中一项或多项目标作为规划控制目标。鉴于径流污染控制目标、雨水资源化利用目标大多可通过径流总量控制实现，各地低影响开发雨水系统构建可选择径流总量控制作为首要的规划控制目标。

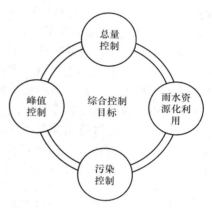

图 6-2　低影响开发控制目标示意图

## 6.4.3　径流总量控制目标的确定

### 6.4.3.1　目标确定方法

低影响开发雨水系统的径流总量控制一般采用年径流总量控制率作为控制目标。年径流总量控制率与设计降雨量为一一对应关系。年径流总量控制率概念示意图如图6-3所示。理想状态下，径流总量控制目标应以开发建设后径流排放量接近开发建设前自然地貌时的径流排放量为标准。自然地貌往往按照绿地考虑，一般情况下，绿地的年径流总量外排率为15%～20%（相当于年雨量径流系数为0.15～0.20），因此，借鉴发达国家实践经验，年径流总量控制率最佳为80%～85%。这一目标主要通过控制频率较高的中、小降雨事件来实现。以北京市为例，当年径流总量控制率为

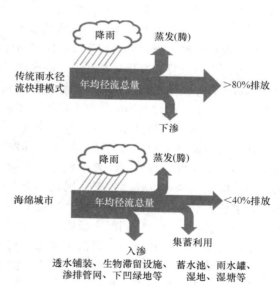

图 6-3　年径流总量控制率概念示意图

80%和85%时，对应的设计降雨量为27.3mm和33.6mm，分别对应约0.5年一遇和1年一遇的1小时降雨量。

实践中，各地在确定年径流总量控制率时，需要综合考虑多方面因素。一方面，开发建

设前的径流排放量与地表类型、土壤性质、地形地貌、植被覆盖率等因素有关，应通过分析综合确定开发前的径流排放量，并据此确定适宜的年径流总量控制率。另一方面，要考虑当地水资源情况、降雨规律、开发强度、低影响开发设施的利用效率以及经济发展水平等因素，具体到某个地块或建设项目的开发，要结合本区域建筑密度、绿地率及土地利用布局等因素确定。因此，在综合考虑以上因素的基础上，当不具备径流控制的空间条件或者经济成本过高时，可选择较低的年径流总量控制目标。同时，从维持区域水环境良性循环及经济合理性角度出发，径流总量控制目标也不是越高越好，雨水的过量收集、减排会导致原有水体的萎缩或影响水系统的良性循环。从经济性角度出发，当年径流总量控制率超过一定值时，投资效益会急剧下降，造成设施规模过大、投资浪费等问题。

#### 6.4.3.2 年径流总量控制率分区

我国地域辽阔，气候特征、土壤地质等天然条件和经济条件差异较大，径流总量控制目标也不同。在雨水资源化利用需求较大的西部干旱、半干旱地区，以及有特殊排水防涝要求的区域，可根据经济发展条件适当提高径流总量控制目标；对于广西、广东及海南等部分沿海地区，由于极端暴雨较多导致设计降雨量统计值偏差较大，造成投资效益及低影响开发设施利用效率不高，可适当降低径流总量控制目标。因此，《海绵城市建设技术指南——低影响开发雨水系统构建（试行）》未对年径流总量控制率提出统一的要求。但对我国近 200 个城市 1983~2012 年日降雨量进行了统计分析，分别得到各城市年径流总量控制率及其对应的设计降雨量值关系。基于该数据分析，该指南将我国大陆地区大致分为五个区，并给出了各区年径流总量控制率 $\alpha$ 的最低和最高限值，即 I 区（85%≤$\alpha$≤90%）、II 区（80%≤$\alpha$≤85%）、III 区（75%≤$\alpha$≤85%）、IV 区（70%≤$\alpha$≤85%）、V 区（60%≤$\alpha$≤85%），具体各地区对应的分区参见《海绵城市建设技术指南》。各地应参照此限值，因地制宜地确定本地区径流总量控制目标。

#### 6.4.3.3 目标落实途径

(1) 径流总量控制目标落实　各地城市规划、建设过程中，可将年径流总量控制率目标分解为单位面积控制容积，以其作为综合控制指标来落实径流总量控制目标。径流总量控制途径包括雨水的下渗减排和直接集蓄利用。缺水地区可结合实际情况制定基于直接集蓄利用的雨水资源化利用目标。雨水资源化利用一般应作为落实径流总量控制目标的一部分。实施过程中，雨水下渗减排和资源化利用的比例需依据实际情况，通过合理的技术经济比较来确定。

(2) 径流峰值控制目标落实　目标径流峰值流量控制是低影响开发的控制目标之一。低影响开发设施受降雨频率与雨型、低影响开发设施建设与维护管理条件等因素的影响，一般对中、小降雨事件的峰值削减效果较好，对特大暴雨事件，虽仍可起到一定的错峰、延峰作用，但其峰值削减幅度往往较低。因此，为保障城市安全，在低影响开发设施的建设区域，城市雨水管渠和泵站的设计重现期、径流系数等设计参数仍然应当按照《室外排水设计规范》中的相关标准执行。同时，低影响开发雨水系统是城市内涝防治系统的重要组成，应与城市雨水管渠系统及超标雨水径流排放系统相衔接，建立从源头到末端的全过程雨水控制与管理体系，共同达到内涝防治要求，城市内涝防治设计重现期应按《室外排水设计规范》中内涝防治设计重现期的标准执行。

### 6.4.4 径流污染控制目标落实

径流污染控制是低影响开发雨水系统的控制目标之一，既要控制分流制径流污染物总量，又要控制合流制溢流的频次或污染物总量。各地应结合城市水环境质量要求、径流污染特征等确定径流污染综合控制目标和污染物指标，污染物指标可采用悬浮物（SS）、化学需氧量（COD）、总氮（TN）、总磷（TP）等。城市径流污染物中，SS 往往与其他污染物指标具有一定的相关性，因此，一般可采用 SS 作为径流污染物控制指标，低影响开发雨水系统的年 SS 总量去除率一般可达到 40%～60%。考虑到径流污染物变化的随机性和复杂性，径流污染控制目标一般也通过径流总量控制来实现，并结合径流雨水中污染物的平均浓度和低影响开发设施的污染物去除率确定。

## 6.4.5　控制目标的选择

各地应根据当地降雨特征、水文地质条件、径流污染状况、内涝风险控制要求和雨水资源化利用需求等，并结合当地水环境突出问题、经济合理性等因素，有所侧重地确定低影响开发径流控制目标。

①　水资源缺乏的城市或地区，可采用水量平衡分析等方法确定雨水资源化利用的目标。雨水资源化利用一般应作为径流总量控制目标的一部分。

②　对于水资源丰沛的城市或地区，可侧重径流污染及径流峰值控制目标。

③　径流污染问题较严重的城市或地区，可结合当地水环境容量及径流污染控制要求，确定年 SS 总量去除率等径流污染物控制目标。实践中，一般转换为年径流总量控制率目标。

④　对于水土流失严重和水生态敏感地区，宜选取年径流总量控制率作为规划控制目标，尽量减小地块开发对水文循环的破坏。

⑤　易涝城市或地区可侧重径流峰值控制，并达到《室外排水设计规范》中内涝防治设计重现期标准。

⑥　面临内涝与径流污染防治、雨水资源化利用等多种需求的城市或地区，可根据当地经济情况、空间条件等，选取年径流总量控制率作为首要规划控制目标，综合实现径流污染和峰值控制及雨水资源化利用目标。

## 6.4.6　规划中低影响开发控制目标的落实

### 6.4.6.1　落实原则

（1）保护性开发　城市建设过程中应保护河流、湖泊、湿地、坑塘、沟渠等水生态敏感区，并结合这些区域及周边条件（如坡地、洼地、水体、绿地等）进行低影响开发雨水系统规划设计。

（2）水文干扰最小化　优先通过分散、生态的低影响开发设施实现径流总量控制、径流峰值控制、径流污染控制、雨水资源化利用等目标，防止城镇化区域的河道侵蚀、水土流失、水体污染等。

（3）统筹协调　低影响开发雨水系统建设内容应纳入城市总体规划、水系规划、绿地系统规划、排水防涝规划、道路交通规划等相关规划中，各规划中有关低影响开发建设内容应相互协调与衔接。

#### 6.4.6.2 城市总体规划落实

城市总体规划（含分区规划）应结合所在地区的实际情况，开展低影响开发的相关专题研究，在绿地率、水域面积率等相关指标基础上，增加年径流总量控制率等指标，纳入城市总体规划。落实的具体要点如下：

(1) 保护水生态敏感区　应将河流、湖泊、湿地、坑塘、沟渠等水生态敏感区纳入城市规划区中的非建设用地（禁建区、限建区）范围，划定城市蓝线，并与低影响开发雨水系统、城市雨水管渠系统及超标雨水径流排放系统相衔接。

(2) 集约开发利用土地　合理确定城市空间增长边界和城市规模，防止城市无序化蔓延，提倡集约型开发模式，保障城市生态空间。

(3) 合理控制不透水面积　合理设定不同性质用地的绿地率、透水铺装率等指标，防止土地大面积硬化。

(4) 合理控制地表径流　根据地形和汇水分区特点，合理确定雨水排水分区和排水出路，保护和修复自然径流通道，延长汇流路径，优先采用雨水花园、湿塘、雨水湿地等低影响开发设施控制径流雨水。

(5) 明确低影响开发策略和重点建设区域　应根据城市的水文地质条件、用地性质、功能布局及近远期发展目标，综合经济发展水平等其他因素提出城市低影响开发策略及重点建设区域，并明确重点建设区域的年径流总量控制率目标。

#### 6.4.6.3 专项规划落实

(1) 城市水系规划落实　城市水系是城市生态环境的重要组成部分，也是城市径流雨水自然排放的重要通道、受纳体及调蓄空间，与低影响开发雨水系统联系紧密。落实的具体要点如下：

① 依据城市总体规划划定城市水域、岸线、滨水区，明确水系保护范围。城市开发建设过程中应落实城市总体规划明确的水生态敏感区保护要求，划定水生态敏感区范围并加强保护，确保开发建设后的水域面积应不小于开发前，已破坏的水系应逐步恢复。

② 保持城市水系结构的完整性，优化城市河湖水系布局，实现自然、有序排放与调蓄。城市水系规划应尽量保护与强化其对径流雨水的自然渗透、净化与调蓄功能，优化城市河道（自然排放通道）、湿地（自然净化区域）、湖泊（调蓄空间）布局与衔接，并与城市总体规划、排水防涝规划同步协调。

③ 优化水域、岸线、滨水区及周边绿地布局，明确低影响开发控制指标。城市水系规划应根据河湖水系汇水范围，同步优化、调整蓝线周边绿地系统布局及空间规模，并衔接控制性详细规划，明确水系及周边地块低影响开发控制指标。

(2) 城市绿地系统专项规划落实　城市绿地系统规划应明确低影响开发控制目标，在满足绿地生态、景观、游憩和其他基本功能的前提下，合理地预留或创造空间条件，对绿地自身及周边硬化区域的径流进行渗透、调蓄、净化，并与城市雨水管渠系统、超标雨水径流排放系统相衔接，具体要点如下：

① 提出不同类型绿地的低影响开发控制目标和指标。根据绿地的类型和特点，明确公园绿地、附属绿地、生产绿地、防护绿地等各类绿地低影响开发规划建设目标、控制指标（如下沉式绿地率及其下沉深度等）和适用的低影响开发设施类型。

② 合理确定城市绿地系统低影响开发设施的规模和布局。应统筹水生态敏感区、生态空间和绿地空间布局，落实低影响开发设施的规模和布局，充分发挥绿地的渗透、调蓄和净

化功能。

③ 城市绿地应与周边汇水区域有效衔接。在明确周边汇水区域汇入水量，提出预处理、溢流衔接等保障措施的基础上，通过平面布局、地形控制、土壤改良等多种方式，将低影响开发设施融入到绿地规划设计中，尽量满足周边雨水汇入绿地进行调蓄的要求。

④ 应符合园林植物种植及园林绿化养护管理技术要求。可通过合理设置绿地下沉深度和溢流口、局部换土或改良增强土壤渗透性能、选择适宜乡土植物和耐淹植物等方法，避免植物受到长时间浸泡而影响正常生长，影响景观效果。

⑤ 合理设置预处理设施。径流污染较为严重的地区，可采用初期雨水弃流、沉淀、截污等预处理措施，在径流雨水进入绿地前将部分污染物进行截流净化。

⑥ 充分利用多功能调蓄设施调控排放径流雨水。有条件的地区可因地制宜规划布局占地面积较大的低影响开发设施，如湿塘、雨水湿地等，通过多功能调蓄的方式，对较大重现期的降雨进行调蓄排放。

（3）城市排水防涝综合规划落实　低影响开发雨水系统应与城市雨水管渠系统、超标雨水径流排放系统同步规划设计。城市排水系统规划、排水防涝综合规划等相关排水规划中，应结合当地条件确定低影响开发控制目标与建设内容，并满足《城市排水工程规划规范》《室外排水设计规范》等相关要求，具体要点如下：

① 明确低影响开发径流总量控制目标与指标　通过对排水系统总体评估、内涝风险评估等，明确低影响开发雨水系统径流总量控制目标，并与城市总体规划、详细规划中低影响开发雨水系统的控制目标相衔接，将控制目标分解为单位面积控制容积等控制指标，通过建设项目的管控制度进行落实。

② 确定径流污染控制目标及防治方式　应通过评估、分析径流污染对城市水环境污染的贡献率，根据城市水环境的要求，结合悬浮物（SS）等径流污染物控制要求确定年径流总量控制率，同时明确径流污染控制方式并合理选择低影响开发设施。

③ 明确雨水资源化利用目标及方式　应根据当地水资源条件及雨水回用需求，确定雨水资源化利用的总量、用途、方式和设施。

④ 与城市雨水管渠系统及超标雨水径流排放系统有效衔接　应最大限度地发挥低影响开发雨水系统对径流雨水的渗透、调蓄、净化等作用，低影响开发设施的溢流应与城市雨水管渠系统或超标雨水径流排放系统衔接。城市雨水管渠系统、超标雨水径流排放系统应与低影响开发系统同步规划设计。

⑤ 优化低影响开发设施的竖向与平面布局　应利用城市绿地、广场、道路等公共开放空间，在满足各类用地主导功能的基础上合理布局低影响开发设施；其他建设用地应明确低影响开发控制目标与指标，并衔接其他内涝防治设施的竖向与平面布局，共同组成内涝防治系统。

（4）城市道路交通专项规划落实　城市道路交通专项规划应落实低影响开发理念及控制目标，减少道路径流及污染物外排量，具体落实要点如下：

① 提出各等级道路低影响开发控制目标　应在满足道路交通安全等基本功能的基础上，充分利用城市道路自身及周边绿地空间落实低影响开发设施，结合道路横断面和排水方向，利用不同等级道路的绿化带、车行道、人行道和停车场建设下沉式绿地、植草沟、雨水湿地、透水铺装、渗管/渠等低影响开发设施，通过渗透、调蓄、净化方式，实现道路低影响

开发控制目标。

② 协调道路红线内外用地竖向与空间布局　道路红线内绿化带不足，不能实现低影响开发控制目标要求时，可由政府主管部门协调道路红线内外用地竖向与空间布局，综合达到道路及周边地块的低影响开发控制目标。道路红线内绿地及开放空间在满足景观效果和交通安全要求的基础上，应充分考虑承接道路雨水汇入的功能，通过建设下沉式绿地、透水铺装等低影响开发设施，提高道路径流污染及总量等控制能力。

③ 道路交通规划应体现低影响开发设施　涵盖城市道路横断面、纵断面设计的专项规划，应在相应图纸中表达低影响开发设施的基本选型及布局等内容，并合理确定低影响开发雨水系统与城市道路设施的空间衔接关系。有条件的地区应编制专门的道路低影响开发设施规划设计指引，明确各层级城市道路（快速路、主干路、次干路、支路）的低影响开发控制指标和控制要点，以指导道路低影响开发相关规划和设计。

### 6.4.6.4　控制性详细规划落实

控制性详细规划应协调相关专业，通过土地利用空间优化等方法，分解和细化城市总体规划及相关专项规划等上层级规划中提出的低影响开发控制目标及要求，结合建筑密度、绿地率等约束性控制指标，提出各地块的单位面积控制容积、下沉式绿地率及其下沉深度、透水铺装率、绿色屋顶率等控制指标，纳入地块规划设计要点，并作为土地开发建设的规划设计条件，落实要点如下：

（1）明确各地块的低影响开发控制指标　控制性详细规划应在城市总体规划或各专项规划确定的低影响开发控制目标（年径流总量控制率及其对应的设计降雨量）指导下，根据城市用地分类（R——居住用地、A——公共管理与公共服务用地、B——商业服务业设施用地、M——工业用地、W——物流仓储用地、S——交通设施用地、U——公用设施用地、G——绿地）的比例和特点进行分类分解，细化各地块的低影响开发控制指标。地块的低影响开发控制指标可按城市建设类型（已建区、新建区、改造区）、不同排水分区或流域等分区制定。有条件的控制性详细规划也可通过水文计算与模型模拟，优化并明确地块的低影响开发控制指标。

（2）合理组织地表径流　统筹协调开发场地内建筑、道路、绿地、水系等竖向和空间布局，使地块及道路径流有组织地汇入周边绿地系统和城市水系，并与城市雨水管渠系统和超标雨水径流排放系统相衔接，充分发挥低影响开发设施的作用。

（3）统筹落实和衔接各类低影响开发设施　根据各地块低影响开发控制指标，合理确定地块内的低影响开发设施类型及其规模，做好不同地块低影响开发设施之间的衔接，合理布局规划区内占地面积较大的低影响开发设施。

### 6.4.6.5　修建性详细规划落实

修建性详细规划应按照控制性详细规划的约束条件，绿地、建筑、排水、结构、道路等相关专业相互配合，采取有利于促进建筑与环境可持续发展的设计方案，落实具体的低影响开发设施的类型、布局、规模、建设时序、资金安排等，确保地块开发实现低影响开发控制目标。细化、落实上位规划确定的低影响开发控制指标。可通过水文、水力计算或模型模拟，明确建设项目的主要控制模式、比例及量值（下渗、储存、调节及弃流排放），以指导地块开发建设。

# 6.5　工程设计

## 6.5.1　工程设计的基本要求

进行海绵城市低影响开发雨水系统设计过程中，要充分考虑整个城市的多方面影响因素，结合城市总体规划、专项规划，有针对地进行。城市建筑与小区、道路、绿地与广场、水系低影响开发雨水系统建设项目，应以相关职能主管部门、企事业单位作为责任主体，落实有关低影响开发雨水系统的设计。城市规划建设相关部门应在城市规划、施工图设计审查、建设项目施工、监理、竣工验收备案等管理环节，加强对低影响开发雨水系统建设情况的审查。适宜作为低影响开发雨水系统构建载体的新建、改建、扩建项目，应在园林、道路交通、排水、建筑等各专业设计方案中明确体现低影响开发雨水系统的设计内容，落实低影响开发控制目标。设计基本要求如下：

① 低影响开发雨水系统的设计目标应满足城市总体规划、专项规划等相关规划提出的低影响开发控制目标与指标要求，并结合气候、土壤及土地利用等条件，合理选择单项或组合的以雨水渗透、储存、调节等为主要功能的技术及设施。

② 低影响开发设施的规模应根据设计目标，经水文、水力计算得出，有条件的应通过模型模拟对设计方案进行综合评估，并结合技术经济分析确定最优方案。

③ 低影响开发雨水系统设计的各阶段均应体现低影响开发设施的平面布局、竖向构造，及其与城市雨水管渠系统和超标雨水径流排放系统的衔接关系等内容。

④ 低影响开发雨水系统的设计与审查（规划总图审查、方案及施工图审查）应与园林绿化、道路交通、排水、建筑等专业相协调。

## 6.5.2　设计流程

海绵城市低影响开发雨水系统设计包括现状评估、设计目标、方案设计、竖向设计、模拟分析、设施布局与规模以及技术可行论证等方面，一般设计流程如图 6-4 所示。

## 6.5.3　建筑与小区设计

建筑屋面和小区路面径流雨水应通过有组织的汇流与转输，经截污等预处理后引入绿地内的以雨水渗透、储存、

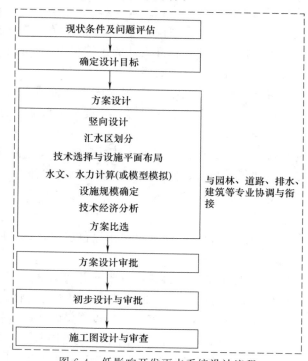

图 6-4　低影响开发雨水系统设计流程

调节等为主要功能的低影响开发设施。因空间限制等原因不能满足控制目标的建筑与小区，径流雨水还可通过城市雨水管渠系统引入城市绿地与广场内的低影响开发设施。低影响开发设施的选择应因地制宜、经济有效、方便易行，如结合小区绿地和景观水体优先设计生物滞留设施、渗井、湿塘和雨水湿地等。建筑与小区低影响开发雨水系统典型流程如图 6-5 所示。

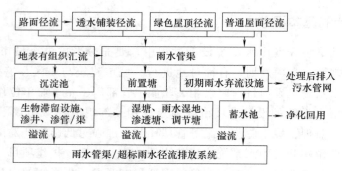

图 6-5　建筑与小区低影响开发雨水系统典型流程

（1）场地设计

① 应充分结合现状地形地貌进行场地设计与建筑布局，保护并合理利用场地内原有的湿地、坑塘、沟渠等。

② 应优化不透水硬化面与绿地空间布局，建筑、广场、道路周边宜布置可消纳径流雨水的绿地。建筑、道路、绿地等竖向设计应有利于径流汇入低影响开发设施。

③ 低影响开发设施的选择除生物滞留设施、雨水罐、渗井等小型、分散的低影响开发设施外，还可结合集中绿地设计渗透塘、湿塘、雨水湿地等相对集中的低影响开发设施，并衔接整体场地竖向与排水设计。

④ 景观水体补水、循环冷却水补水及绿化灌溉、道路浇洒用水等非传统水资源宜优先选择雨水。按绿色建筑标准设计的建筑与小区，其非传统水资源利用率应满足《绿色建筑评价标准》（GB/T 50378）的要求。

⑤ 有景观水体的小区，景观水体宜具备雨水调蓄功能，景观水体的规模应根据降雨规律、水面蒸发量、雨水回用量等，通过全年水量平衡分析确定。

⑥ 雨水进入景观水体之前应设置前置塘、植被缓冲带等预处理设施，同时可采用植草沟转输雨水，以降低径流污染负荷。景观水体宜采用非硬质池底及生态驳岸，为水生动植物提供栖息或生长条件，并通过水生动植物对水体进行净化，必要时可采取人工土壤渗滤等辅助手段对水体进行循环净化。

（2）建筑设计

① 屋顶坡度较小的建筑可采用绿色屋顶，绿色屋顶的设计应符合《屋面工程技术规范》（GB 50345）的规定。

② 宜采取雨落管断接或设置集水井等方式将屋面雨水断接并引入周边绿地内小型、分散的低影响开发设施，或通过植草沟、雨水管渠将雨水引入场地内的集中调蓄设施。

③ 应优先选择对径流雨水水质没有影响或影响较小的建筑屋面及外装饰材料。

④ 水资源紧缺地区可考虑优先将屋面雨水进行集蓄回用，净化工艺应根据回用水水质要求和径流雨水水质确定。雨水储存设施可结合现场情况选用雨水罐、地上或地下蓄水池等

设施。当建筑层高不同时，可将雨水集蓄设施设置在较低楼层的屋面上，收集较高楼层建筑屋面的径流雨水，从而借助重力供水而节省能量。

⑤ 应限制地下空间的过度开发，为雨水回补地下水提供渗透路径。

（3）小区道路设计

① 道路横断面设计应优化道路横坡坡向、路面与道路绿化带及周边绿地的竖向关系等，便于径流雨水汇入绿地内低影响开发设施。

② 路面排水宜采用生态排水的方式。路面雨水首先汇入道路绿化带及周边绿地内的低影响开发设施，并通过设施内的溢流排放系统与其他低影响开发设施或城市雨水管渠系统、超标雨水径流排放系统相衔接。

③ 路面宜采用透水铺装，透水铺装路面设计应满足路基路面强度和稳定性等要求。

（4）小区绿化设计

① 绿地在满足改善生态环境、美化公共空间、为居民提供游憩场地等基本功能的前提下，应结合绿地规模与竖向设计，在绿地内设计可消纳屋面、路面、广场及停车场径流雨水的低影响开发设施，并通过溢流排放系统与城市雨水管渠系统和超标雨水径流排放系统有效衔接。

② 道路径流雨水进入绿地内的低影响开发设施前，应利用沉淀池、前置塘等对进入绿地内的径流雨水进行预处理，防止径流雨水对绿地环境造成破坏。有降雪的城市还应采取措施对含融雪剂的融雪水进行弃流，弃流的融雪水宜经处理（如沉淀等）后排入市政污水管网。

③ 低影响开发设施内植物宜根据水分条件、径流雨水水质等进行选择，宜选择耐盐、耐淹、耐污等能力较强的乡土植物。

## 6.5.4　城市道路设计

城市道路径流雨水应通过有组织的汇流与转输，经截污等预处理后引入道路红线内、外绿地内，并通过设置在绿地内的以雨水渗透、储存、调节等为主要功能的低影响开发设施进行处理。低影响开发设施的选择应因地制宜、经济有效、方便易行，如结合道路绿化带和道路红线外绿地，优先设计下沉式绿地、生物滞留带、雨水湿地等。城市道路低影响开发雨水系统典型流程如图 6-6 所示。

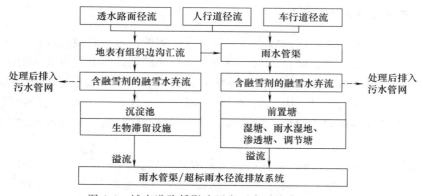

图 6-6　城市道路低影响开发雨水系统典型流程

① 城市道路应在满足道路基本功能的前提下达到相关规划提出的低影响开发控制目标与指标要求。为保障城市交通安全，在低影响开发设施的建设区域，城市雨水管渠和泵站的设计重现期、径流系数等设计参数应按《室外排水设计规范》（GB 50014）中的相关标准执行。

② 道路人行道宜采用透水铺装，非机动车道和机动车道可采用透水沥青路面或透水水泥混凝土路面，透水铺装设计应满足国家有关标准规范的要求。

③ 道路横断面设计应优化道路横坡坡向、路面与道路绿化带及周边绿地的竖向关系等，便于径流雨水汇入低影响开发设施。

④ 规划作为超标雨水径流行泄通道的城市道路，其断面及竖向设计应满足相应的设计要求，并与区域整体内涝防治系统相衔接。

⑤ 路面排水宜采用生态排水的方式，也可利用道路及周边公共用地的地下空间设计调蓄设施。路面雨水宜首先汇入道路红线内绿化带，当红线内绿地空间不足时，可由政府主管部门协调，将道路雨水引入道路红线外城市绿地内的低影响开发设施进行消纳。当红线内绿地空间充足时，也可利用红线内低影响开发设施消纳红线外区域的径流雨水。低影响开发设施应通过溢流排放系统与城市雨水管渠系统相衔接，保证上下游排水系统的顺畅。

⑥ 城市道路绿化带内低影响开发设施应采取必要的防渗措施，防止径流雨水下渗对道路路面及路基的强度和稳定性造成破坏。

⑦ 城市道路经过或穿越水源保护区时，应在道路两侧或雨水管渠下游设计雨水应急处理及储存设施。雨水应急处理及储存设施的设置，应具有截污与防止事故情况下泄漏的有毒有害化学物质进入水源保护地的功能，可采用地上式或地下式。

⑧ 道路径流雨水进入道路红线内外绿地内的低影响开发设施前，应利用沉淀池、前置塘等对进入绿地内的径流雨水进行预处理，防止径流雨水对绿地环境造成破坏。有降雪的城市还应采取措施对含融雪剂的融雪水进行弃流，弃流的融雪水宜经处理（如沉淀等）后排入市政污水管网。

⑨ 低影响开发设施内植物宜根据水分条件、径流雨水水质等进行选择，宜选择耐盐、耐淹、耐污等能力较强的乡土植物。

⑩ 城市道路低影响开发雨水系统的设计应满足《城市道路工程设计规范》（CJJ 37）中的相关要求。

## 6.5.5 城市绿地与广场设计

城市绿地、广场及周边区域径流雨水应通过有组织的汇流与转输，经截污等预处理后引入城市绿地内的以雨水渗透、储存、调节等为主要功能的低影响开发设施，消纳自身及周边区域径流雨水，并衔接区域内的雨水管渠系统和超标雨水径流排放系统，提高区域内涝防治能力。低影响开发设施的选择应因地制宜、经济有效、方便易行，如湿地公园和有景观水体的城市绿地与广场宜设计雨水湿地、湿塘等。城市绿地与广场低影响开发雨水系统典型流程如图 6-7 所示。

① 城市绿地与广场应在满足自身功能（如吸热、吸尘、降噪等生态功能，为居民提供游憩场地和美化城市等功能）的条件下，达到相关规划提出的低影响开发控制目标与指标要求。

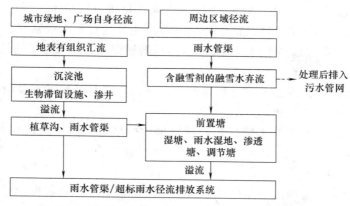

图 6-7　城市绿地与广场低影响开发雨水系统典型流程

② 城市绿地与广场宜利用透水铺装、生物滞留设施、植草沟等小型、分散式低影响开发设施消纳自身径流雨水。

③ 城市湿地公园、城市绿地中的景观水体等宜具有雨水调蓄功能，通过雨水湿地、湿塘等集中调蓄设施，消纳自身及周边区域的径流雨水，构建多功能调蓄水体，并通过调蓄设施的溢流排放系统与城市雨水管渠系统和超标雨水径流排放系统相衔接。

④ 规划承担城市排水防涝功能的城市绿地与广场，其总体布局、规模、竖向设计应与城市内涝防治系统相衔接。

⑤ 城市绿地与广场内湿塘、雨水湿地等雨水调蓄设施应采取水质控制措施，利用雨水湿地、生态堤岸等设施提高水体的自净能力，有条件的可设计人工土壤渗滤等辅助设施对水体进行循环净化。

⑥ 应限制地下空间的过度开发，为雨水回补地下水提供渗透路径。

⑦ 周边区域径流雨水在进入城市绿地与广场内的低影响开发设施前，应利用沉淀池、前置塘等进行预处理，防止径流雨水对绿地环境造成破坏。有降雪的城市还应采取措施对含融雪剂的融雪水进行弃流，弃流的融雪水宜经处理（如沉淀等）后排入市政污水管网。

⑧ 低影响开发设施内植物宜根据设施水分条件、径流雨水水质等进行选择，宜选择耐盐、耐淹、耐污等能力较强的乡土植物。

⑨ 城市公园绿地低影响开发雨水系统设计应满足《公园设计规范》（CJJ 48）中的相关要求。

## 6.5.6　城市水系设计

城市水系设计应根据其功能定位、水体现状、岸线利用现状及滨水区现状等，进行合理保护、利用和改造，在满足雨洪行泄等功能条件下，实现相关规划提出的低影响开发控制目标及指标要求，并与城市雨水管渠系统和超标雨水径流排放系统有效衔接。城市水系低影响开发雨水系统典型流程如图 6-8 所示。

① 应根据城市水系的功能定位、水体水质等级与达标率、保护或改善水质的制约因素与有利条件、水系利用现状及存在问题等因素，合理确定城市水系的保护与改造方案，使其满足相关规划提出的低影响开发控制目标与指标要求。

② 应保护现状河流、湖泊、湿地、坑塘、沟渠等城市自然水体。

③ 应充分利用城市自然水体设计湿塘、雨水湿地等具有雨水调蓄与净化功能的低影响开发设施，湿塘、雨水湿地的布局、调蓄水位等应与城市上游雨水管渠系统、超标雨水径流排放系统及下游水系相衔接。

④ 规划建设新的水体或扩大现有水体的水域面积，应与低影响开发雨水系统的控制目标相协调，增加的水域宜具有雨水调蓄功能。

⑤ 应充分利用城市水系滨水绿化控制线范围内的城市公共绿地，在绿地内设计湿塘、雨水湿地等设施调蓄、净化径流雨水，并与城市雨水管渠的水系入口、经过或穿越水系的城市道路的排水口相衔接。

⑥ 滨水绿化控制线范围内的绿化带接纳相邻城市道路等不透水面的径流雨水时，应设计为植被缓冲带，以削减径流流速和污染负荷。

⑦ 有条件的城市水系，其岸线应设计为生态驳岸，并根据调蓄水位变化选择适宜的水生及湿生植物。

⑧ 城市水系低影响开发雨水系统的设计应满足《城市防洪工程设计规范》（GB/T 50805）中的相关要求。

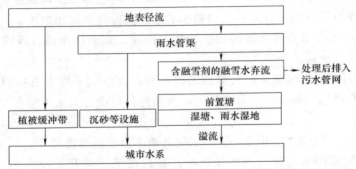

图 6-8　城市水系低影响开发雨水系统典型流程

#### 6.5.6.1　城市河流的生态防洪设计

确保城市河流的防洪功能是城市河流景观建设的前提与保障，海绵城市河流生态防洪设计应体现生态防洪的治水理念。在城市上游规划季节性滞洪湿地，营造微地形，调整用地结构，充分发挥天然的蓄水容器（水网、植被、土壤、凹地）的蓄水功能，尽可能滞蓄洪水。洪水过后，又从这些蓄水容器中不断对河流进行补充，保障河流基本需水量。基于生态防洪理念，为了满足河流防洪和景观兼顾的要求，应针对城市河流的河道断面设计一个能够常年保证有水的河道及能够适应不同水位、水量的河床。

（1）河道断面设计

① 复式河道断面　它是北方城市河流使用最广的河道断面形式，能较好地解决河流景观和城市防洪的矛盾。主河槽在行洪或蓄水时，既能保证有一定的水深，又能为鱼类、昆虫、两栖动物的生存提供基本条件，同时又能满足一定年限的防洪要求。主河槽两岸的滩地在洪水期间行洪，平时则成为城市中理想的绿化开敞空间，具有很好的亲水性和亲绿性，能满足居民休闲、游憩、娱乐的需要。主河槽宽度与深度根据防洪要求及城市景观而确定，大体分为两种，即单槽复式河道断面和双槽复式河道断面。单槽复式断面多用于较窄的河道，可采用翻板闸、滚水坝或橡胶坝蓄水，也可不蓄水。双槽复式断面多用于较宽的河道，较宽

的河槽用于蓄水，较窄的河槽用于满足常年河道径流。河道内两侧绿化可根据水利行洪要求设置一、二级台地，以适应防洪及景观规划的布局和要求。

② 梯形河道断面　适用于水位变化不大的河流或蓄水段河道，正常水位以下采用矩形干砌石断面，常水位以上可采用铅丝笼覆土或其他生态斜坡护岸，以创造生物栖息的水陆交接地带，有利于堤防的防护和生态环境的改善。为增加城市居民的亲水性，该梯形断面两侧可根据周边用地拓展部分浅水区域，创造丰富的生物栖息场所和亲水空间。

（2）河岸平面线形的修复　天然的河流有凹岸、凸岸，有浅滩和沙洲，既为各种生物创造了适宜的生境，又可降低河水流速、蓄洪涵水、削弱洪水的破坏力。因此，为了保留城市河流的景观价值和生态功能，河道走向应尽量保持河道的自然弯曲，不强求顺直，营造出接近自然的河流形态。河岸平面线形修复的主要措施如下：

① 恢复河流蜿蜒曲折的形态，宜弯则弯，河岸边坡有陡有缓，堤线距水面应有宽有窄。在一定长度内，使水流速度有快有慢，在岸边可以造成滞流、回流，以便动物的生长繁殖。

② 恢复河道的连续性，拆除废旧拦河坝、堰，将直立的跌水改为缓坡，并在落差大的断面（如水坝）设置专门的鱼道。

③ 重现水体流动多样性，人工营造出的浅滩、河底埋入自然石头、修建的丁坝、鱼道等有利于形成水的紊流。

④ 利用与河流连接的湖泊、荒滩等进行滞洪。在保持河道平面的曲折变化的同时，在纵面规划中还要保留自然状态下交替出现深潭和浅滩，保留河岸树林、陡坡、河滩洼地等，以增加河流生态系统的生物多样性，为鱼类等水生生物提供良好的生境异质性，并尽可能地不设挡水建筑物，以确保河流的连续性和鱼类的通道。

### 6.5.6.2　改善河流水体环境的设计

（1）控污和截污　河流污染治理必须加强源头控制，对工业废水、生活污水和垃圾进行妥善处理。一般治理措施分为工程措施和非工程措施。

① 工程措施有：a. 建造河流截污管网工程和污水处理厂。在河流两岸的滨河路下或在河道内修建截污管涵，将城市河流两岸污水截留送到污水处理厂，经过达标处理后中水回用或再汇入河道。b. 建立垃圾处置收集系统，把原先堆放在河岸边的垃圾进行集中收集处理，使垃圾入河现象得到有效控制。

② 非工程措施有：a. 加强各类重点污染源的综合整治；b. 全面提高市民保护河流生态环境的意识；c. 把河道整治与沿河土地开发相结合，避免过度开发；d. 整体规划，统一管理。

（2）生物治污，恢复河水自净能力　对城市段河流或河流流域加强生态和景观协同的规划，实现生物治污和恢复河水自净能力的效果。主要措施有：

① 保护和恢复水生植物。

② 构建水生动物的栖息生境。

③ 建造人工湿地和恢复水体周边的岸边湿地，实现对污水的节流和净化。

④ 合理采用水体生物——生态修复技术。

（3）保证河流生态环境需水量　对于河流生态系统来说，为保持系统的生态平衡，必须维持一部分有质量保证的水量，以满足河流本身、河岸带及其周围环境之间的物质、能量及信息交换功能即河流生态环境功能的需要。

对于城市季节性河流来说，生态环境需水主要包括维持自身生态系统平衡所需的水量，蒸发、渗漏量及河岸绿地需水量等。其中，蒸发、渗漏、绿地需水量都可以定量计算出来，而维持自身生态系统平衡所需的水量较难计算，至今没有统一的标准。根据国内外经验，多年平均径流量的10%将提供维持水生栖息地的最低标准，多年平均径流量的20%将提供适宜标准。因此，河流恢复设计中，要保证河流平均径流量在10%以上，维持河流生态系统的基本需水要求，维持河流的生命健康。

### 6.5.6.3 生态堤岸的设计

生态型堤岸是改造原有护岸结构，修建生态型护岸的理想形式。按所用主要材料的不同，生态堤岸设计模式可分为刚性堤岸、柔性堤岸和刚柔结合型堤岸。

(1) 刚性堤岸 主要由刚性材料如块石、混凝土块、砖、石笼、堆石等构成，但建造时不用砂浆，而是采用干砌的方式，留出空隙，以利于滨河植物的生长。随着时间的推移，堤岸会逐渐呈现出自然的外貌。处理方式主要有台阶式、斜坡式、垂直挡墙式、亲水平台式等。刚性堤岸可以抵抗较强的水流冲刷，且相对占地面积小，适合于用地紧张的城市河流。其不足之处在于可能会破坏河岸的自然植被，导致现有植被覆盖和自然控制侵蚀能力的丧失，同时人工的痕迹也比较明显。刚性堤岸设计模式主要用于景点、节点等的亲水空间，一般占整个治理河流岸线的比例较低，主要是丰富河流堤岸景观，为游人创造宜人的亲水空间。

(2) 柔性堤岸 柔性堤岸可分为两类，即自然原型堤岸和自然改造型堤岸。自然原型堤岸是将适于滨河地带生长的植被种植在堤岸上，利用植物的根、茎、叶来固堤。该类型适合于用地充足、岸坡较缓、侵蚀不严重的河流，或人工设置的浅水区、湖泊，是最接近自然状态的河岸，生态效益最好。自然改造型堤岸主要用植物切枝、枯枝或植株，并与其他材料相结合，来防止侵蚀、控制沉积，同时为生物提供栖息地。该类型可适当弥补自然原型堤岸的不足，增强堤岸抗冲刷、抗侵蚀的能力。

(3) 刚柔结合型堤岸 刚柔结合型堤岸综合了以上两种堤岸的优点，具有人工结构的稳定性和自然的外貌，见效快、生态效益好，尤其适合北方地区城市河流堤岸的改造。城市河流较常用的堤岸有铅丝石笼覆土堤岸、格宾石笼覆土堤岸、植物堆石堤岸和插孔式混凝土块堤岸等几种形式。

### 6.5.6.4 河岸植被缓冲带的设计

河岸植被缓冲带是位于水面和陆地之间的过渡地带，呈带状的邻近河流的植被带，是介于河流和高地植被之间的生态过渡带。河岸植被缓冲带能为水体与陆地交错区域的生态系统形成过渡缓冲，将自然灾害的影响或潜在的对环境质量的威胁加以缓冲，可以有效地过滤地表污染物，防止其流入河流对水体造成污染。河岸植被缓冲带能为动植物的生存创造栖息空间，提高河流生物与河流景观的多样性，还能起到稳定河道、减小灾害的作用，并能作为临水开敞空间，是市民休闲娱乐、游憩健身、认识自然、感受自然的理想场所。科学地设计缓冲带是使河流景观恢复的重要基础，在设计中要考虑选址、植被的宽度和长度、植被的组成等因素。

(1) 河岸植被缓冲带的选址 合理地设置缓冲带的位置是保证其有效拦截雨水径流的先决条件。根据实际地形，缓冲带一般设置在坡地的下坡位置，与径流流向垂直布置，在坡地长度允许的情况下，可以沿等高线多设置几条缓冲带，以削减水流的冲刷能量。如果选址不合理，大部分径流会绕过缓冲带，直接进入河流，其拦截污染物的作用就会大大减弱。一般的做法是沿河流全段设置宽度不等的河岸植被缓冲带。

（2）河岸植被缓冲带的宽度　到目前为止，研究人员还没有得到一个比较统一的河岸植被缓冲带的有效宽度。根据国内外对河岸植被缓冲带的研究，考虑到满足动植物迁移和传播、生物多样性保护功能及能有效截留过滤污染物等因素，目前我国普遍使用 30m 宽的河岸植被带作为缓冲区的最小值。当宽度大于 30m 时，能有效地起到降低温度、增加河流中食物的供应和有效过滤污染物等作用；当宽度大于 80～100m 时，能较好地控制水土流失和河床沉积。

（3）河岸植被缓冲带的结构　目前，我国已治理的城市河流大都留出了一定宽度的植被带，但是树种结构或较为单一，或硬化面积比重过大，或仅注重园林植物的层次搭配、色彩呼应，植被带的植被结构较少考虑植被缓冲带综合功能的发挥。河岸植被缓冲带通常由三部分组成，如图 6-9 所示。紧邻水边的河岸区一般需要至少 10m 的宽度，植被带包括本地成熟林带和灌丛，不同种类的组合形成一个长期而稳定的落叶群落。对该区的管理强调稳定性，保证植被不受干扰。位于中部的中间区，位于河岸区和外部区之间，是植物品种最为丰富的地区，以乔木为主，利用稳定的植物群落来过滤和吸收地表径流中的污染物质，同时结合该地区的地形地貌，设置基础服务设施，满足游人游憩、休闲等户外活动的需求。根据河流级别、保护标准、土地利用情况，中间区的宽度一般为 30～100m。外部区位于河岸带缓冲系统的最外侧，是三个区中最远离水面的区域，同时也是与周围环境接触密切的地区，主要的作用是拦截地表径流，减缓地表径流的流速，提高其向地下的渗入量。种植的植被可为草地和草本植物，主要功能是减少地表径流携带的面源污染物进入河流。外部区可以作为休闲活动的草坪和花园等。

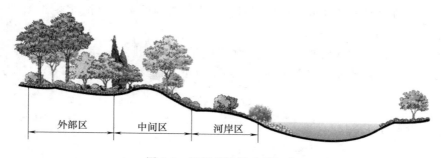

图 6-9　河岸植被缓冲带组成

## 6.5.7　低影响开发设施规模计算

### 6.5.7.1　计算原则

（1）低影响开发设施的规模应根据控制目标及设施在具体应用中发挥的主要功能，选择容积法、流量法或水量平衡法等方法通过计算确定。按照径流总量、径流峰值与径流污染综合控制目标进行设计的低影响开发设施，应综合运用以上方法进行计算，并选择其中较大的规模作为设计规模，有条件的可利用模型模拟的方法确定设施规模。

（2）当以径流总量控制为目标时，地块内各低影响开发设施的设计调蓄容积之和，即总调蓄容积（不包括用于削减峰值流量的调节容积），一般不应低于该地块"单位面积控制容积"的控制要求。计算总调蓄容积时，应符合以下要求：

① 顶部和结构内部有蓄水空间的渗透设施（如复杂型生物滞留设施、渗管/渠等）的渗

透量应计入总调蓄容积。

② 调节塘、调节池对径流总量削减没有贡献，其调节容积不应计入总调蓄容积；转输型植草沟、渗管/渠、初期雨水弃流收集池、植被缓冲带、人工土壤渗滤池等对径流总量削减贡献较小的设施，其调蓄容积也不计入总调蓄容积。

③ 透水铺装和绿色屋顶仅参与综合雨量径流系数的计算，其结构内的空隙容积一般不再计入总调蓄容积。

④ 受地形条件、汇水面大小等影响，设施调蓄容积无法发挥径流总量削减作用的设施（如较大面积的下沉式绿地，往往受坡度和汇水面竖向条件限制，实际调蓄容积远远小于其设计调蓄容积）以及无法有效收集汇水面径流雨水的设施具有的调蓄容积不计入总调蓄容积。

### 6.5.7.2 一般计算

（1）容积法 低影响开发设施以径流总量和径流污染为控制目标进行设计时，设施具有的调蓄容积一般应满足"单位面积控制容积"的指标要求。设计调蓄容积一般采用容积法进行计算，计算公式见式（6-1）：

$$V = 10H\phi F \qquad (6-1)$$

式中 $V$——设计调蓄容积，$m^3$；

$H$——设计降雨量，mm，参照附表1；

$\phi$——综合雨量径流系数，可参照相关规范进行加权平均计算；

$F$——汇水面积，$hm^2$。

用于合流制排水系统的径流污染控制时，雨水调蓄池的有效容积可参照《室外排水设计规范》（GB 50014）进行计算。

（2）流量法 植草沟等转输设施，其设计目标通常为排除一定设计重现期下的雨水流量，可通过推理公式来计算一定重现期下的雨水流量，计算公式见式（6-2）：

$$Q = \varphi_m q F \qquad (6-2)$$

式中 $Q$——雨水设计流量，L/s；

$\varphi_m$——流量径流系数，可参见表 4-2；

$q$——设计暴雨强度，$L/(s \cdot hm^2)$；

$F$——汇水面积，$hm^2$。

城市雨水管渠系统设计重现期的取值及雨水设计流量的计算等还应符合《室外排水设计规范》（GB 50014）的有关规定。

（3）水量平衡法 水量平衡法主要用于湿塘、雨水湿地等设施储存容积的计算。设施储存容积应首先按照容积法进行计算，同时为保证设施正常运行（如保持设计常水位），再通过水量平衡法计算设施每月雨水补水水量、外排水量、水量差、水位变化等相关参数，最后通过经济分析确定设施设计容积的合理性并进行调整。水量平衡计算可参照表 6-1。

### 6.5.7.3 以渗透为主要功能的设施规模计算

对于生物滞留设施、渗透塘、渗井等顶部或结构内部有蓄水空间的渗透设施，设施规模应按照以下方法进行计算。对透水铺装等仅以原位下渗为主、顶部无蓄水空间的渗透设施，其基层及垫层空隙虽有一定的蓄水空间，但其蓄水能力受面层或基层渗透性能的影响很大，因此透水铺装可通过参与综合雨量径流系数计算的方式确定其规模。

表 6-1　水量平衡计算

| 项目 | 汇流雨水量 | 补水量 | 蒸发量 | 用水量 | 渗漏量 | 水量差 | 水体水深 | 剩余调蓄高度 | 外排水量 | 额外补水量 |
|---|---|---|---|---|---|---|---|---|---|---|
| 单位 | m³/月 | m³/月 | m³/月 | m³/月 | m³/月 | m³/月 | m | m | m³/月 | m³/月 |
| 编号 | [1] | [2] | [3] | [4] | [5] | [6] | [7] | [8] | [9] | [10] |
| 1 月 | | | | | | | | | | |
| 2 月 | | | | | | | | | | |
| ⋮ | | | | | | | | | | |
| 11 月 | | | | | | | | | | |
| 12 月 | | | | | | | | | | |
| 合计 | | | | | | | | | | |

（1）渗透设施有效调蓄容积按式（6-3）进行计算：

$$V_s = V - W_p \tag{6-3}$$

式中　$V_s$——渗透设施的有效调蓄容积，包括设施顶部和结构内部蓄水空间的容积，m³；

　　　$V$——渗透设施进水量，m³，参照容积法计算；

　　　$W_p$——渗透量，m³。

（2）渗透设施渗透量按式（6-4）进行计算：

$$W_p = KJA_s t_s \tag{6-4}$$

式中　$W_p$——渗透量，m³；

　　　$K$——土壤（原土）渗透系数，m/s；

　　　$J$——水力坡降，一般可取 $J=1$；

　　　$A_s$——有效渗透面积，m²；

　　　$t_s$——渗透时间，s，指降雨过程中设施的渗透历时，一般可取 2h。

渗透设施的有效渗透面积 $A_s$ 应按下列要求确定：

① 水平渗透面按投影面积计算；

② 竖直渗透面按有效水位高度的 1/2 计算；

③ 斜渗透面按有效水位高度的 1/2 所对应的斜面实际面积计算；

④ 地下渗透设施的顶面积不计。

### 6.5.7.4　以储存为主要功能的设施规模计算

雨水罐、蓄水池、湿塘、雨水湿地等设施以储存为主要功能时，其储存容积应通过容积法及水量平衡法计算，并通过技术经济分析综合确定。

### 6.5.7.5　以调节为主要功能的设施规模计算

调节塘、调节池等调节设施，以及以径流峰值调节为目标进行设计的蓄水池、湿塘、雨水湿地等设施的容积应根据雨水管渠系统设计标准、下游雨水管道负荷（设计过流流量）及入流、出流流量过程线，经技术经济分析合理确定，调节设施容积按式（6-5）进行计算：

$$V = \mathrm{Max}\left[\int_0^T (Q_{in} - Q_{out})\,\mathrm{d}t\right] \tag{6-5}$$

式中　$V$——调节设施容积，m³；

　　　$Q_{in}$——调节设施的入流流量，m³/s；

　　　$Q_{out}$——调节设施的出流流量，m³/s；

　　　$t$——计算步长，s；

$T$——计算降雨历时，s。

#### 6.5.7.6 调蓄设施规模计算

具有储存和调节综合功能的湿塘、雨水湿地等多功能调蓄设施，其规模应综合储存设施和调节设施的规模计算方法进行计算。

#### 6.5.7.7 以转输与截污净化为主要功能的设施规模计算

植草沟等转输设施的计算步骤如下：

① 根据总平面图布置植草沟并划分各段的汇水面积。

② 根据《室外排水设计规范》（GB 50014）确定排水设计重现期，参考流量法计算设计流量 $Q$。

③ 根据工程实际情况和植草沟设计参数取值，确定各设计参数。容积法弃流设施的弃流容积应按容积法计算；绿色屋顶的规模计算参照透水铺装的规模计算方法；人工土壤渗滤的规模根据设计净化周期和渗滤介质的渗透性能确定；植被缓冲带规模根据场地空间条件确定。

## 6.6 施工建设管理

海绵城市建设项目除了满足一般建设项目施工建设管理要求外，还应满足如下基本要求：

① 建设项目的施工图设计文件应当符合海绵城市建设要求。

② 施工图审查机构应当按照海绵城市建设专项规划（或规划条件）和相关技术标准的要求，对施工图设计文件进行审查，对不符合海绵城市建设要求的，不得发放《施工图审查合格书》。

③ 未经海绵城市施工设计审查或审查不合格的工程项目，城乡建设部门不予进行施工图审查备案，不予发放《建设工程施工许可证》。

④ 建设单位在申请排水许可时，水务部门应当审查排水口的设置和水质、水量是否符合海绵城市建设要求，对不符合海绵城市建设要求的，不予排水许可。

⑤ 海绵城市建设开工前应编制施工组织设计，编制施工方案计划，进行危大工程辨识。关键的分部（分项）工程和专项工程在施工前应单独编制施工方案，危险性较大的分部（分项）工程应编制危大工程专项方案。施工组织设计和专项施工方案必须按规定程序审批后执行，有变更时应重新审批后实施。

⑥ 海绵城市建设工程，应重点对设施规模、竖向、进水设施、溢流排放口、防渗、水土保持、绿化种植、景观、安全等关键环节进行验收并做好验收记录。

⑦ 海绵城市建设工程应尽量避免在雨天施工。如在雨天施工应做好水土保持、防涝及防风措施。

⑧ 施工低影响开发设施时，应注意溢流排放系统与城市雨水管渠系统、超标雨水径流排放系统有效衔接。

⑨ 建设单位在组织竣工验收时，应当将配套建设海绵设施的落实纳入竣工验收内容，并将验收结果提交备案机关。验收不合格的，不得综合验收备案，不予交付使用。

# 6.7 设施维护管理

## 6.7.1 设施维护管理的基本要求

① 公共项目的低影响开发设施由城市道路、排水、园林等相关部门按照职责分工负责维护监管。其他低影响开发雨水设施，由该设施的所有者或其委托方负责维护管理。

② 应建立健全低影响开发设施的维护管理制度和操作规程，配备专职管理人员和相应的监测手段，并对管理人员和操作人员加强专业技术培训。

③ 低影响开发雨水设施的维护管理部门应做好雨季来临前和雨季期间设施的检修和维护管理，保障设施正常、安全运行。

④ 低影响开发设施的维护管理部门宜对设施的效果进行监测和评估，确保设施的功能得以正常发挥。

⑤ 应加强低影响开发设施数据库的建立与信息技术应用，通过数字化信息技术手段，进行科学规划、设计，并为低影响开发雨水系统建设与运行提供科学支撑。

⑥ 应加强宣传教育和引导，提高公众对海绵城市建设、低影响开发、绿色建筑、城市节水、水生态修复、内涝防治等工作中雨水控制与利用重要性的认识，鼓励公众积极参与低影响开发设施的建设、运行和维护。

## 6.7.2 设施维护

海绵城市建设不仅侧重建设，而且要注意建设设施的维护，这样才能长久发挥海绵城市的建设成效。

### 6.7.2.1 典型设施维护注意事项

（1）透水铺装

① 面层出现破损时应及时进行修补或更换；

② 出现不均匀沉降时应进行局部整修找平；

③ 当渗透能力大幅下降时应采用冲洗、负压抽吸等方法及时进行清理。

（2）绿色屋顶

① 应及时补种修剪植物、清除杂草、防治病虫害；

② 溢流口堵塞或淤积导致过水不畅时，应及时清理垃圾与沉积物；

③ 排水层排水不畅时，应及时排查原因并修复；

④ 屋顶出现漏水时，应及时修复或更换防渗层。

（3）生物滞留设施、下沉式绿地、渗透塘

① 应及时补种、修剪植物，清除杂草；

② 进水口不能有效收集汇水面径流雨水时，应加大进水口规模或进行局部下凹等；

③ 进水口、溢流口因冲刷造成水土流失时，应设置碎石缓冲或采取其他防冲刷措施；

④ 进水口、溢流口堵塞或淤积导致过水不畅时，应及时清理垃圾与沉积物；

⑤ 调蓄空间因沉积物淤积导致调蓄能力不足时，应及时清理沉积物；

⑥ 边坡出现坍塌时，应进行加固；

⑦ 由于坡度导致调蓄空间调蓄能力不足时，应增设挡水堰或抬高挡水堰、溢流口高程；

⑧ 当调蓄空间雨水的排空时间超过 36h 时，应及时置换树皮覆盖层或表层种植土；

⑨ 出水水质不符合设计要求时应换填料。

（4）渗井、渗管/渠

① 进水口出现冲刷造成水土流失时，应设置碎石缓冲或采取其他防冲刷措施；

② 设施内因沉积物淤积导致调蓄能力或过流能力不足时，应及时清理沉积物；

③ 当渗井调蓄空间雨水的排空时间超过 36h 时，应及时置换填料。

（5）湿塘、雨水湿地

① 进水口、溢流口因冲刷造成水土流失时，应设置碎石缓冲或采取其他防冲刷措施；

② 进水口、溢流口堵塞或淤积导致过水不畅时，应及时清理垃圾与沉积物；

③ 前置塘/预处理池内沉积物淤积超过 50％时，应及时进行清淤；

④ 防误接、误用、误饮等警示标志和护栏等安全防护设施及预警系统损坏或缺失时，应及时进行修复和完善；

⑤ 护坡出现坍塌时应及时进行加固；

⑥ 应定期检查泵、阀门等相关设备，保证其能正常工作；

⑦ 应及时收割、补种、修剪植物，清除杂草。

（6）蓄水池

① 进水口、溢流口因冲刷造成水土流失时，应及时设置碎石缓冲或采取其他防冲刷措施；

② 进水口、溢流口堵塞或淤积导致过水不畅时，应及时清理垃圾与沉积物；

③ 沉淀池沉积物淤积超过设计清淤高度时，应及时进行清淤；

④ 应定期检查泵、阀门等相关设备，保证其能正常工作；

⑤ 防误接、误用、误饮等警示标志和护栏等安全防护设施及预警系统损坏或缺失时，应及时进行修复和完善。

（7）雨水罐

① 进水口存在堵塞或淤积导致的过水不畅现象时，及时清理垃圾与沉积物；

② 及时清除雨水罐内沉积物；

③ 北方地区，在冬期来临前应将雨水罐及其连接管中的水放空，以免受冻损坏；

④ 防误接、误用、误饮等警示标志损坏或缺失时，应及时进行修复和完善。

（8）调节塘

① 应定期检查调节塘的进口和出口是否畅通，确保排空时间达到设计要求，且每场雨之前应保证放空；

② 其他参照渗透塘及湿塘、雨水湿地等。

（9）调节池

① 监测排空时间是否达到设计要求；

② 进水口、出水口堵塞或淤积导致过水不畅时，应及时清理垃圾与沉积物；

③ 预处理设施及调节池内有沉积物淤积时，应及时进行清淤。

（10）植草沟、植被缓冲带

① 应及时补种、修剪植物，清除杂草；

② 进水口不能有效收集汇水面径流雨水时，应加大进水口规模或进行局部下凹等；

③ 进水口因冲刷造成水土流失时，应设置碎石缓冲或采取其他防冲刷措施；

④ 沟内沉积物淤积导致过水不畅时，应及时清理垃圾与沉积物；

⑤ 边坡出现坍塌时，应及时进行加固；

⑥ 由于坡度较大导致沟内水流流速超过设计流速时，应增设挡水堰或抬高挡水堰高程。

（11）初期雨水弃流设施

① 进水口、出水口堵塞或淤积导致过水不畅时，应及时清理垃圾与沉积物；

② 沉积物淤积导致弃流容积不足时应及时进行清淤等。

（12）人工土壤渗滤

① 应及时补种、修剪植物，清除杂草；

② 土壤渗滤能力不足时，应及时更换配水层；

③ 配水管出现堵塞时，应及时疏通或更换等。

### 6.7.2.2 典型设施维护频次

典型低影响开发设施的常规维护频次及时间要求见表 6-2。

**表 6-2　典型低影响开发设施的常规维护频次及时间要求**

| 低影响开发设施 | 维护频次 | 备注 |
|---|---|---|
| 透水铺装 | 检修、疏通透水能力 2 次/年（雨季之前和期中） | — |
| 绿色屋顶 | 检修、植物养护 2~3 次/年 | 初春浇灌（浇透）1 次，雨季期间除杂草 1 次；北方气温降至 0℃前浇灌（浇透）1 次；视天气情况不定期浇灌植物 |
| 下沉式绿地 | 检修 2 次/年（雨季之前、期中），植物生长季节修剪 1 次/月 | 指狭义的下沉式绿地 |
| 生物滞留设施 | 检修、植物养护 2 次/年（雨季之前、期中） | 植物栽种初期适当增加浇灌次数；不定期地清理植物残体和其他垃圾 |
| 渗透塘 | 检修、清淤 2 次/年（雨季之前、之后），植物修剪 4 次/年（雨季） | 不定期地清理植物残体和其他垃圾 |
| 渗井 | 检修、清淤 2 次/年（雨季之前、期中） | — |
| 湿塘 | 检修、植物残体清理 2 次/年（雨季），植物收割 1 次/年（冬季之前），前置塘清淤（雨季之前） | — |
| 雨水湿地 | 检修、植物残体清理 3 次/年（雨季之前、期中、之后），前置塘清淤（雨季之前） | — |
| 蓄水池 | 检修、淤泥清理 2 次/年（雨季之前和期中） | 每次暴雨之前预留调蓄空间 |
| 雨水罐 | 检修、淤泥清理 2 次/年（雨季之前和期中） | 每次暴雨之前预留调蓄空间 |
| 调节塘 | 检修、植物残体清理 3 次/年（雨季之前、期中、之后），植物收割 1 次/年（雨季之后），前置塘清淤（雨季之前） | — |
| 调节池 | 检修、淤泥清理 1 次/年（雨季之前） | — |
| 植草沟 | 检修 2 次/年（雨季之前、期中），植物生长季节修剪 1 次/月 | — |
| 渗管/渠 | 检修 1 年/次（雨季之前） | — |
| 植被缓冲带 | 检修 2 次/年（雨季之前、期中），植物生长季节修剪 1 次/月 | — |
| 初期雨水弃流设施 | 检修 1 次/月（雨季之前） | — |
| 人工土壤渗滤 | 检修 3 次/年（雨季之前、期中、之后），植物修剪 2 次/年（雨季） | — |

### 6.7.3 风险管理

海绵城市建设具有学科综合性强、技术冗杂、工期长等特点，需要多领域、跨部门的协调合作，在目前缺乏成熟的生态技术标准和技术规范的前提下，项目在实施过程中极易产生各种风险，为此，需要在海绵城市建设过程中加强风险管控。具体管控措施有如下几个方面：

① 严禁雨水回用系统输水管道与生活饮用水管道连接。

② 地下水位高及径流污染严重的地区应采取有效措施以防止下渗雨水污染地下水。

③ 严禁向雨水收集口和低影响开发雨水设施内倾倒垃圾、生活污水和工业废水，严禁将城市污水管网接入低影响开发设施。

④ 城市雨洪行泄通道及易发生内涝的道路、下沉式立交桥区等区域，以及城市绿地中湿塘、雨水湿地等大型低影响开发设施应设置警示标志和报警系统，配备应急设施及专职管理人员，保证暴雨期间人员的安全撤离，避免发生安全事故。

⑤ 陡坡坍塌、滑坡灾害易发的危险场所，对居住环境和自然环境造成危害的场所，以及其他有安全隐患场所不应建设低影响开发设施。

⑥ 严重污染源地区（地面易累积污染物的化工厂、制药厂、金属冶炼加工厂、传染病医院、油气库、加油加气站等）、水源保护地等特殊区域如需开展低影响开发建设的，除适用指南外，还应开展环境影响评价，避免对地下水和水源地造成污染。

⑦ 低影响开发雨水设施的运行过程中需注意防范以下风险：

a. 绿色屋顶是否导致屋顶漏水；

b. 生物滞留设施、渗井、渗管/渠、渗透塘等渗透设施是否引起地面或周边建筑物、构筑物坍塌，或导致地下室漏水等。

思 考 题

1. 海绵城市工程建设实施的基本原则有哪些？应具体落实哪几个关键技术环节？

2. 什么是年径流总量控制率？确定年总量控制率要考虑哪些因素？

3. 我国年径流总量控制率分为几个区，各区的年径流总量控制率范围是多少？

4. 如何落实低影响开发径流总量控制目标和径流污染控制目标？

5. 简述建筑与小区、城市道路、绿地与广场和城市水系低影响开发雨水系统设计的一般流程。

6. 低影响开发设施规模计算的原则有哪些？不同功能设施规模如何分别计算？

7. 海绵城市建设项目除了满足一般建设项目施工建设管理要求外，还应满足哪些基本要求？

8. 简述海绵设施维护管理的基本原则和方法。

# 第7章

# 海绵城市建设评估

## 7.1 海绵城市建设绩效评价与考核

为科学、全面评价海绵城市建设成效，住房和城乡建设部出台了《海绵城市建设绩效评价与考核办法（试行）》。按照住房和城乡建设部《海绵城市建设技术指南——低影响开发雨水系统构建（试行）》要求，开展海绵城市建设的城市应依据本办法对建设效果进行绩效评价与考核。住房和城乡建设部负责指导和监督各地海绵城市建设工作，并对海绵城市建设绩效评价与考核情况进行抽查；省级住房和城乡建设主管部门负责具体实施地区海绵城市建设绩效评价与考核。评价考核指标和要点海绵城市建设绩效评价与考核指标分为水生态、水环境、水资源、水安全、制度建设及执行情况、显示度六个方面，包括6大类别、18项指标，详见表7-1。

（1）水生态　水生态评估包括如下四个指标：①控制年径流总量；②恢复河湖水系生态岸线；③保持地下水位稳定；④缓解城市热岛效应。

（2）水环境　水环境评估主要包括如下两个指标：①地表水系杜绝黑臭现象，地下水水质不低于Ⅲ类或较建设前不恶化；②有效控制雨水径流污染、合流制管渠溢流污染。

（3）水资源　水资源评估主要包括如下三个指标：①加大污水再生利用；②加大雨水收集利用；③控制管网漏损。

（4）水安全　水安全评估主要包括如下两个指标：①显著减轻积水程度，有效防范城市内涝；②饮用水水源地、自来水厂出厂水、管网水和龙头水等水质达到国家标准要求。

（5）制度建设及执行情况　制度建设及执行情况评估主要包括如下六个指标：①建立相关建设规划的管理制度和机制；②划定并管理蓝线、绿线；③制定技术规范和标准；④建设投融资、PPP制度机制；⑤吸引社会资本参与，落实政府责任，考评建设成果；⑥促进相关企业发展。

（6）显示度　显示度评估主要评估达标的海绵城市建设区域是否形成连片区域。评价考核阶段海绵城市建设绩效评价与考核采取实地考察、查阅资料及监测数据分析相结合方式，分城市自查、省级评价、部级抽查三个阶段进行。

① 城市自查　海绵城市建设过程中，各城市应做好降雨及排水过程监测资料、相关说明材料和佐证材料的整理、汇总和归档，按照海绵城市建设绩效评价与考核指标做好自评，配合做好省级评价与部级抽查。

② 省级评价　省级住房和城乡建设主管部门定期组织对本省内实施海绵城市建设的城市进行绩效评价与考核，可委托第三方依据海绵城市建设评价考核指标及方法进行。绩效评

价与考核结束后，将结果报送住房和城乡建设部。

③ **部级抽查** 住房和城乡建设部根据各省上报的绩效评价与考核情况，对部分城市进行抽查。

**表 7-1** 海绵城市建设绩效评价与考核指标（试行）

| 类别 | 项 | 指标 | 要求 | 方法 | 性质 |
|------|-----|------|------|------|------|
| 一、水生态 | 1 | 年径流总量控制率 | 当地降雨形成的径流总量，达到《海绵城市建设技术指南——低影响开发雨水系统构建（试行）》规定的年径流总量控制要求。在低于年径流总量控制率所对应的降雨量时，海绵城市建设区域不得出现雨水外排现象 | 根据实际情况，在地块雨水排放口、关键管网节点安装观测计量装置及雨量监测装置，连续（不少于一年，监测频率不低于 15min/次）进行监测；结合气象部门提供的降雨数据、相关设计图纸、现场勘测情况、设施规模及衔接关系等等进行分析，必要时通过模型模拟分析计算 | 定量（约束性） |
| | 2 | 生态岸线恢复 | 在不影响防洪安全的前提下，对城市河湖水系岸线、加装盖板的天然河渠等进行生态修复，达到蓝线控制要求，恢复其生态功能 | 查看相关设计图纸、规划，现场检查等 | 定量（约束性） |
| | 3 | 地下水位 | 年均地下水潜水位保持稳定，或下降趋势得到明显遏制，平均降幅低于历史同期。年均降雨量超过 1000mm 的地区不评价此项指标 | 查看地下水潜水水位监测数据 | 定量（约束性，分类指导） |
| | 4 | 城市热岛效应 | 热岛强度得到缓解。海绵城市建设区域夏季（按 6~9 月）日平均气温不高于同期其他区域的日均气温，或与同区域历史同期（扣除自然气温变化影响）相比呈现下降趋势 | 查阅气象资料，可通过红外遥感监测评价 | 定量（鼓励性） |
| 二、水环境 | 5 | 水环境质量 | 不得出现黑臭现象。海绵城市建设区域内的河湖水系水质不低于《地表水环境质量标准》Ⅳ类标准，且优于海绵城市建设前的水质。当城市内河水系存在上游来水时，下游断面主要指标不得低于来水指标 | 委托具有计量认证资质的检测机构开展水质检测 | 定量（约束性） |
| | | | 地下水监测点位水质不低于《地下水质量标准》Ⅲ类标准，或不劣于海绵城市建设前的水质 | 委托具有计量认证资质的检测机构开展水质检测 | 定量（鼓励性） |
| | 6 | 城市面源污染控制 | 雨水径流污染、合流制管渠溢流污染得到有效控制。①雨水管网不得有污水直接排入水体；②非降雨时段，合流制管渠不得有污水直排水体；③雨水直排或合流制管渠溢流进入城市内河水系的，应采取生态治理后入河，确保海绵城市建设区域内的河湖水系水质不低于地表Ⅳ类 | 查看管网排放口，辅助以必要的流量监测手段，并委托具有计量认证资质的检测机构开展水质检测 | 定量（约束性） |

续表

| 类别 | 项 | 指标 | 要求 | 方法 | 性质 |
|---|---|---|---|---|---|
| 三、水资源 | 7 | 污水再生利用率 | 人均水资源量低于 500m³ 和城区内水体水环境质量低于Ⅳ类标准的城市，污水再生利用率不低于 20%。再生水包括污水经处理后，通过管道及输配设施、水车等输送用于市政杂用、工业农业、园林绿地灌溉等用水，以及经过人工湿地、生态处理等方式，主要指标达到或优于地表Ⅳ类要求的污水厂尾水 | 统计污水处理厂（再生水厂、中水站等）的污水再生利用量和污水处理量 | 定量（约束性，分类指导） |
| | 8 | 雨水资源利用率 | 雨水收集并用于道路浇洒、园林绿地灌溉、市政杂用、工农业生产、冷却等的雨水总量（按年计算，不包括汇入景观、水体的雨水量和自然渗透的雨水量）与年均降雨量（折算成毫米数）的比值，或雨水利用量替代的自来水比例等，达到各地根据实际确定的目标 | 查看相应计量装置、计量统计数据和计算报告等 | 定量（约束性，分类指导） |
| | 9 | 管网漏损控制 | 供水管网漏损率不高于 12% | 查看相关统计数据 | 定量（鼓励性） |
| 四、水安全 | 10 | 城市暴雨内涝灾害防治 | 历史积水点彻底消除或明显减少，或者在同等降雨条件下积水程度显著减轻。城市内涝得到有效防范，达到《室外排水设计规范》规定的标准 | 查看降雨记录、监测记录等，必要时通过模型辅助判断 | 定量（约束性） |
| | 11 | 饮用水安全 | 饮用水水源地水质达到国家标准要求：以地表水为水源的，一级保护区水质达到《地表水环境质量标准》Ⅱ类标准和饮用水源补充、特定项目的要求，二级保护区水质达到《地表水环境质量标准》Ⅲ类标准和饮用水源补充、特定项目的要求。以地下水为水源的，水质达到《地下水质量标准》Ⅲ类标准的要求。自来水厂出厂水、管网水和龙头水达到《生活饮用水卫生标准》的要求 | 查看水源地水质检测报告和自来水厂出厂水、管网水、龙头水水质检测报告。检测报告须由有资质的检测单位出具 | 定量（鼓励性） |
| 五、制度建设及执行情况 | 12 | 规划建设管控制度 | 建立海绵城市建设的规划（土地出让、两证一书）、建设（施工图审查、竣工验收等）方面的管理制度和机制 | 查看出台的城市控制性详细规划、相关法规、政策文件等 | 定性（约束性） |
| | 13 | 蓝线、绿线划定与保护 | 在城市规划中划定蓝线、绿线并制定相应管理规定 | 查看当地相关城市规划及出台的法规、政策文件 | 定性（约束性） |
| | 14 | 技术规范与标准建设 | 制定较为健全、规范的技术文件，能够保障当地海绵城市建设的顺利实施 | 查看地方出台的海绵城市工程技术、设计施工相关标准、技术规范、图集、导则、指南等 | 定性（约束性） |
| | 15 | 投融资机制建设 | 制定海绵城市建设投融资、PPP 管理方面的制度机制 | 查看出台的政策文件等 | 定性（约束性） |
| | 16 | 绩效考核与奖励机制 | （1）对于吸引社会资本参与的海绵城市建设项目，须建立按效果付费的绩效考评机制、与海绵城市建设成效相关的奖励机制等；<br>（2）对于政府投资建设、运行、维护的海绵城市建设项目，须建立与海绵城市建设成效相关的责任落实与考核机制等 | 查看出台的政策文件等 | 定性（约束性） |

续表

| 类别 | 项 | 指标 | 要求 | 方法 | 性质 |
|---|---|---|---|---|---|
| 五、制度建设及执行情况 | 17 | 产业化 | 制定促进相关企业发展的优惠政策等 | 查看出台的政策文件、研发与产业基地建设等情况 | 定性(鼓励性) |
| 六、显示度 | 18 | 连片示范效应 | 60%以上的海绵城市建设区域达到海绵城市建设要求,形成整体效应 | 查看规划设计文件、相关工程的竣工验收资料,现场查看 | 定性(约束性) |

## 7.2 海绵城市项目效益评估

### 7.2.1 海绵城市的经济效益

一般而言,海绵城市项目的收益(benefits)一般有社会收益(城市防涝、增加就业等)、环境收益(减少污染、补充地下水等)、经济收益(地产升值、减少建设费用等)、美学收益(城市景观等)。这些收益类别中,一部分较为主观,无法或难以量化分析和比较。最易计算,也最为直观的经济效益则是海绵城市收益评估的核心。与其他类型的工程项目一样,海绵城市项目也由建设期和运营期组成。对于LID开发项目而言,项目方案的选择、建设成本的计算是其考虑的重点。因此,常用费用评估(cost evaluation)法将LID方案和传统规划方案的一系列建造成本进行直接比较,作为LID项目的经济评价思路。

低影响开发雨水系统的成本包括土地成本、设计成本、建筑安装成本、运行维护成本。土地成本主要与城市经济发展情况相关,具有较强的地域性;设计成本与专业设计机构及技术能力相关。一般主要分析低影响开发设施的成本以及低影响开发雨水系统与传统雨水系统的成本比较。

由于不同地区和国家的材料、施工、人工费用差别较大,在具体应用低影响开发措施时,需要根据当地情况具体制定。单就设施的成本而言,绿色屋顶以及采用雨落管断接的成本较高,雨落管断接受管道材质以及改造的环境因素影响较大,而绿色屋顶在低影响开发设施中结构较复杂,施工成本较高,因此建设成本较高。生物滞留设施存在多种形式,并且实际应用时考虑到换土以及是否需要布设穿孔排水管等因素,因此投资成本的变化幅度较大。美国部分地区各项绿色基础设施中,建筑安装和维护成本见表7-2。

**表 7-2　美国部分地区各项绿色基础设施的建筑安装和维护成本**

| 设施 | 建筑安装成本 | 年维护成本/建筑安装成本 |
|---|---|---|
| 植被浅沟 | 2.69～5.38 美元/m² | 6% |
| 绿色屋顶 | 96.84～269 美元/m² | 未单独计,纳入景观维护费用 |
| 渗透铺装 | 21.52～75.32 美元/m² | 5% |
| 生物滞留 | 32.28～430.4 美元/m² | 8.5% |
| 湿塘 | 6.13～12.37 美元/m² | 3%～5% |
| 人工湿地 | 7.85～39.49 美元/m² | 3%～5% |
| 雨水收集设施 | 20～100 美元 | 2%(除水泵和水质净化药品) |

续表

| 设施 | 建筑安装成本 | 年维护成本/建筑安装成本 |
|------|-------------|------------------------|
| 土壤修复 | 0.19～0.22 美元/m² | — |
| 雨落管断接 | 107.6～430.4 美元/m² | — |
| 过滤设施 | 5.81 美元/ft² | 11%～13% |

注：1ft² = 0.092903m²。

参照《海绵城市建设技术指南——低影响开发雨水系统构建（试行）》中北京地区部分低影响开发单项设施以及查阅相关文献，LID 的雨洪管理技术的基建费用和管理维护费用参见表 7-3。

**表 7-3　我国 LID 雨洪管理技术的基建费用和管理维护费用参考**

| LID 措施 | 单位基建成本 /(元/m²) | 单位平均建设成本 /(元/m²) | 管理维护项目 | 单位维护成本 /[元/(m²·年)] | 平均单位维护成本 /[元/(m²·年)] |
|---------|---------|---------|---------|---------|---------|
| 生态护岸 | 800～2000 | 1400 | 定期修剪、植物管理 | 50～100 | 75 |
| 渗透铺装 | 210～1500 | 855 | 定期清扫、冲洗、检修、疏通透水能力 | 2.4～15 | 8.7 |
| 雨水花园 | 500～1200 | 850 | 定期修剪、除草、浇灌 | 30～80 | 55 |
| 低势绿地 | 200～300 | 250 | 定期清理沉积物 | 2.5～3.5 | 3 |
| 植草沟 | 60～450 | 255 | 定期剪草、除渣 | 4～8 | 6 |
| 生态湿地 | 500～1000 | 800 | 定期修剪植物残体、检修 | 30～80 | 55 |
| 雨水桶 | 30～100 | 65 | 定期清泥 | 2～5 | 2.5 |
| 绿色屋顶 | 100～300 | 200 | 定期检修、植物养护 | 4～8 | 6 |

早在 20 世纪 90 年代，低影响开发设施推行以来，美国环保署需要向社区和开发商证明从经济上 LID 是一个可替代传统排水系统的方案，因而越来越多的低影响开发项目在各州各地区展开，环保署选定若干个具有代表性的项目，依据水量、水质效果货币化的经济数据以及投资和运行维护成本，与传统排水设施进行比较分析，见表 7-4。由表中可以看出，绝大部分项目采用了低影响开发设施后节约成本 15%～80% 不等。

**表 7-4　低影响开发投资与传统开发投资对比**　　　　单位：美元

| 项目名称 | 传统开发投资 | 低影响开发投资 | 投资差值 | 投资差值/传统投资开发 |
|---------|---------|---------|---------|---------|
| 西雅图第二大道 | 868803 | 651548 | 217255 | 25% |
| 奥本山球场 | 2360385 | 1598989 | 761396 | 32% |
| 贝玲汉姆市政厅 | 27600 | 5600 | 2200 | 80% |
| 贝玲汉姆停车场改造 | 52800 | 12800 | 40000 | 76% |
| 朗泉小溪 | 462600 | 3942100 | 678500 | 15% |
| 花园山谷 | 324400 | 260700 | 63700 | 20% |
| 肯辛顿庄园 | 765700 | 1502900 | −737200 | −96% |
| 月桂泉 | 1654021 | 1149552 | 504469 | 30% |
| 米尔溪 | 12510 | 9099 | 3411 | 27% |
| 普雷利山谷 | 1004848 | 599536 | 405312 | 40% |
| 萨默塞特公寓 | 2456843 | 1671461 | 785382 | 32% |
| 泰勒校园 | 3162160 | 2700650 | 461510 | 15% |

广义上，LID 项目运行所带来的各类收益都可能带来经济效益。但在实际计算中，一般重点计算比较容易转化为经济效益的雨水利用带来的直接收益，包括渗透补充地下水收益、因消除污染而减少的社会损失、节省城市排水设施运行费用、因防洪作用降低城市河湖改造费用等。

渗透补充地下水收益指由于 LID 措施的实施，通过增渗作用，截留雨水入渗回补地下水所带来的收益。这部分收益较为直观，一般以雨水径流减少量和单位径流减少收益计算。对于单位径流减少收益，美国一般以森林协会的一项全国性研究结果作为计算依据，该研究指出，$1ft^3$（$0.028m^3$）的雨水收集将带来 2 美元的经济效益（该标准考虑长期生态效益，因此标准较高）。在我国，一般以水价或解决城市缺水的单位投资额作为单位水留存的收益标准。

由于 LID 系统具有一定的污染去除作用，因而消除污染而减少的社会损失也是其运行收益之一。全球广泛使用的环境投入产出比为 1∶3，因 LID 通常不包括污泥的处理，故多以 1∶（1~1.5）作为环境治理投入的经济效益标准。若结合相应的排污费作为污染治理投入金额，则可将因消除污染而减少的社会损失计算出来。按排污费为 1 元/$m^3$ 计算，LID 项目实现的污染去除效益约为 1~1.5 元/$m^3$。

LID 措施减少雨水径流，客观上可有效减少向市政管网排放的雨水量，降低城市排水设施运行压力，从而节约相应的维护费用。按每立方米水的管网运行费用为 0.08 元的经验数据计算，LID 措施每留存 1$m^3$ 雨水，即可创造 0.08 元的经济效益。

由于 LID 措施的实施，可有效减少汇水区域的雨水外排流量，从而减轻河道行洪压力，进而节省数目可观的河道整治和拓宽费用。以北京市某雨水花园项目的经济测算为例，规划市区内通惠河、凉水河、坝河与清河的河道总长度为 355.8km，如果按照通常的河道拓宽费用 2000 万元/$km^2$ 计算，总的拓宽费用为 71.16 亿元。按照规划市区 1040$km^2$ 分摊，则每公顷为 6.84 万元。假定河湖改扩建周期为 15 年，则一个汇水面积 10000$m^2$ 的雨水花园可降低城市河湖改扩建费用为 4560 元。

综合来看，LID 项目在运营阶段也可通过截留、净化雨水创造可观的收益，结合各项收益的分别估算，可得出总经济收益在 33 元/$m^3$ 左右。当然，在某些项目中，LID 措施可能会导致运营成本有所增加，但一般而言，LID 开发措施的运营收益还是高于成本的。通过对海绵城市建设项目案例的经济评估，可以得出这样的结论：仅仅从经济角度上看，LID 规划方案较传统方案通常更加物有所值。

## 7.2.2　海绵城市的社会效益

要准确评估海绵城市的社会效益比较困难，社会效益分析要考虑就业、增加收入、提高生活水平等社会福利方面的因素。海绵城市社会效益可从如下几个方面衡量：

（1）可持续城市塑造　海绵城市建设能改善生态、气候、环境质量，塑造现代化与自然有机结合的可持续城市。通过引入海绵城市理念，使城市发展朝着低碳绿色的方向发展，使城市的绿色空间增大了，收集的雨水经过处理使其发挥最大化利用功能，如用作地下水、景观水等，使城市的生态环境得到改善。因此，海绵城市建设的实施有助于推动各大城市可持续发展。

（2）就业机会的增加　海绵城市建设工程可以提供更多的就业岗位，提高人民的生活质量。海绵城市的建设是一个长远的庞大工程，需要增大城市绿化面积、重整地下排水系统以及开发海绵体等工作的进行。在此工程的开工到竣工之中需要工人的付出，由此可以为更多的劳动力提供就业岗位，以提高人民的生活质量。

（3）拉动投资　海绵城市建设是"稳增长、调结构、促改革、惠民生"的重要内容。海绵城市建设涉及城市建设的方方面面，与新区建设、旧城改造以及棚改紧密相关，涉及房地产、道路、园林绿化、水体、市政基础设施等建设，能够有效拉动投资。据初步估算，如果全国新区开发和旧城改造按照海绵城市理念实施，每年可以形成投资量近万亿元。

（4）促进经济转型　海绵城市建设对中国跨越中等收入陷阱具有重要的支撑作用。"十三五"期间将是中国经济突破中等收入陷阱的关键时期，成败与否，在很大程度上取决于经济结构转型升级。纵观发达国家的历程，起初也是先污染后治理，之后从绿色发展中寻求产业和技术升级，实现新的一轮经济发展。绿色城镇化发展同样在中国经济建设中占有着举足轻重的地位，海绵城市建设作为未来一段时期中国城镇化走绿色发展道路的重要举措，必将助力中国跨越中等收入陷阱。

## 7.2.3　海绵城市的生态环境效益

海绵城市的建设指标中包含了雨水径流、非点源污染物的控制、雨水资源化利用、洪峰流量控制等，最终建立可持续的城市生态与景观系统。针对上述情况，国内有研究认为，雨水管理设施储存及渗透的评估项目、功能和效益见表 7-5。

**表 7-5　雨水管理设施储存及渗透的评估项目、功能和效益**

| 评估项目 | 功能和效益 |
|---|---|
| 治水及防灾 | 控制雨水排放、削减洪峰流量、减轻河流及雨水管道负荷、防止内涝、降低水害风险 |
| 水资源利用 | 消防、环境景观、市政杂用、道路浇洒用水，缓解自来水用水紧张现象、节省优质供水 |
| 生态环境保护 | 确保河道基流、补充地下水及抑制地面沉降、泉水保存及恢复、水域生态系统保护与修复、绿地水分补给、缓解城市热岛现象、减轻非点源污染负荷、削减合流污染负荷、保护水环境和水生态、改善局部小气候和水质 |
| 环境舒适度 | 创造亲水空间、形成城市水景观、提供娱乐功能 |

基于海绵城市建设的控制目标，评估海绵城市项目在水生态维护、水污染控制、水资源节约三方面产生的环境效益，能较好地反映项目的生态环境效益。

（1）水生态维护　理想状态下，为了维护当地原有的水生态系统，海绵城市项目开发建设后径流排放量应接近开发建设前自然地貌时的径流排放量，因此项目的径流总量控制目标应以此为标准，拟采用年径流总量控制率 $\alpha$ 作为评价建设海绵城市系统水生态维护水平的定量指标。

实践中，各地在确定年径流总量控制率 $\alpha$ 时，需要综合考虑多方面因素，一方面要考虑当地地表类型、土壤性质、地形地貌、植被覆盖率等因素，另一方面要考虑当地水资源禀赋情况、降雨规律、开发强度及经济发展水平等因素。具体到某个地块或建设项目的开发，要结合本区域建筑密度、绿地率及土地利用布局等因素确定。从当地的水生态系统角度来看，年径流总量控制率 $\alpha$ 不宜过低，否则会给原有系统带来较大的冲击负荷；也不宜过高，否则雨水的过量收集、减排会导致原有水体的萎缩或影响水系统的良性循环。

（2）水污染控制　径流污染控制也是建设海绵城市的控制目标之一，既要控制雨污分流制径流污染物总量，也要控制雨污合流制溢流的频次或污染物总量。项目所在地可结合城市水环境质量要求、径流污染特征等确定径流污染综合控制目标和污染物指标。

（3）水资源节约　海绵城市建设过程中，通过设置多道防线、多处设施，能将部分降雨收集起来并加以利用，能够节约水资源，缓解部分地区人均水资源严重不足的局面。因此，考虑各类用途分类对雨水收集利用的情况，拟采用雨水年综合利用率来反映该要素的表现。

## 思　考　题

1. 海绵城市建设绩效评价与考核指标有哪些？
2. 海绵城市项目的经济效益如何评价？
3. 海绵城市社会效益从哪几个方面衡量？
4. 如何评估海绵城市的生态环境效益？

# 附录

# 年径流总量控制率与设计降雨量之间的关系

城市年径流总量控制率对应的设计降雨量值的确定，是通过统计学方法获得的。根据中国气象科学数据共享服务网中国地面国际交换站气候资料数据，选取至少近 30 年（反映长期的降雨规律和近年气候的变化）日降雨（不包括降雪）资料，扣除小于等于 2mm 的降雨事件的降雨量，将降雨量日值按雨量由小到大进行排序，统计小于某一降雨量的降雨总量（小于该降雨量的按真实雨量计算出降雨总量，大于该降雨量的按该降雨量计算出降雨总量，两者累计总和）在总降雨量中的比率，此比率（即年径流总量控制率）对应的降雨量（日值）即为设计降雨量。

设计降雨量是各城市实施年径流总量控制的专有量值，考虑到我国不同城市的降雨分布特征不同，各城市的设计降雨量值应单独推求。附表 1 给出了我国部分城市年径流总量控制率对应的设计降雨量值（依据 1983～2012 年降雨资料计算），其他城市的设计降雨量值可根据以上方法获得，资料缺乏时，可根据当地长期降雨规律和近年气候的变化，参照与其长期降雨规律相近的城市的设计降雨量值。

附表 1　我国部分城市年径流总量控制率对应的设计降雨量值一览表

| 城市 | 不同年径流总量控制率对应的设计降雨量/mm | | | | |
|---|---|---|---|---|---|
| | 60% | 70% | 75% | 80% | 85% |
| 酒泉 | 4.1 | 5.4 | 6.3 | 7.4 | 8.9 |
| 拉萨 | 6.2 | 8.1 | 9.2 | 10.6 | 12.3 |
| 西宁 | 6.1 | 8.0 | 9.2 | 10.7 | 12.7 |
| 乌鲁木齐 | 5.8 | 7.8 | 9.1 | 10.8 | 13.0 |
| 银川 | 7.5 | 10.3 | 12.1 | 14.4 | 17.7 |
| 呼和浩特 | 9.5 | 13.0 | 15.2 | 18.2 | 22.0 |
| 哈尔滨 | 9.1 | 12.7 | 15.1 | 18.2 | 22.2 |
| 太原 | 9.7 | 13.5 | 16.1 | 19.4 | 23.6 |
| 长春 | 10.6 | 14.9 | 17.8 | 21.4 | 26.6 |
| 昆明 | 11.5 | 15.7 | 18.5 | 22.0 | 26.8 |
| 汉中 | 11.7 | 16.0 | 18.8 | 22.3 | 27.0 |
| 石家庄 | 12.3 | 17.1 | 20.3 | 24.1 | 28.9 |
| 沈阳 | 12.8 | 17.5 | 20.8 | 25.0 | 30.3 |
| 杭州 | 13.1 | 17.8 | 21.0 | 24.9 | 30.3 |
| 合肥 | 13.1 | 18.0 | 21.3 | 25.6 | 31.3 |
| 长沙 | 13.7 | 18.5 | 21.8 | 26.0 | 31.6 |
| 重庆 | 12.2 | 17.4 | 20.9 | 25.5 | 31.9 |

续表

| 城市 | 不同年径流总量控制率对应的设计降雨量/mm | | | | |
|---|---|---|---|---|---|
| | 60% | 70% | 75% | 80% | 85% |
| 贵阳 | 13.2 | 18.4 | 21.9 | 26.3 | 32.0 |
| 上海 | 13.4 | 18.7 | 22.2 | 26.7 | 33.0 |
| 北京 | 14.0 | 19.4 | 22.8 | 27.3 | 33.6 |
| 郑州 | 14.0 | 19.5 | 23.1 | 27.8 | 34.3 |
| 福州 | 14.8 | 20.4 | 24.1 | 28.9 | 35.7 |
| 南京 | 14.7 | 20.5 | 24.6 | 29.7 | 36.6 |
| 宜宾 | 12.9 | 19.0 | 23.4 | 29.1 | 36.7 |
| 天津 | 14.9 | 20.9 | 25.0 | 30.4 | 37.8 |
| 南昌 | 16.7 | 22.8 | 26.8 | 32.0 | 38.9 |
| 南宁 | 17.0 | 23.5 | 27.9 | 33.4 | 40.4 |
| 济南 | 16.7 | 23.2 | 27.7 | 33.5 | 41.3 |
| 武汉 | 17.6 | 24.5 | 29.2 | 35.2 | 43.3 |
| 广州 | 18.4 | 25.2 | 29.7 | 35.5 | 43.4 |
| 海口 | 23.5 | 33.1 | 40.0 | 49.5 | 63.4 |

# 参 考 文 献

[1] 张卫东，翟宇翔. 北方城市河流景观生态恢复设计方法探讨 [J]. 规划师，2010（z1）：44-48.

[2] 秦民，陈钟卫，刘青. "水安全、水景观、水生态"不同组合模式下的海绵城市河道整治与岸线设计 [J]. 市政技术，2017（4）：158-160.

[3] 竺军，陈望清. 城市滨水岸线生态驳岸设计初探 [J]. 技术与市场（下半月），2007（9）：23-25.

[4] 翟家齐，赵勇，裴源生. 城市化对区域水循环的驱动机制分析 [J]. 水利水电技术，2011（11）：6-9.

[5] 朱俊峰. 城市化和低影响发展的生态水文效应分析 [J]. 河南水利与南水北调，2015（17）：28-29.

[6] 李育慧，郭伟. 城市化影响降水的研究进展 [C]. 第三届城市气象论坛——城市与环境气象，2014：1-8.

[7] 孔锋，史培军，方建，等. 全球变化背景下极端降水时空格局变化及其影响因素研究进展和展望 [J]. 灾害学，2017（2）：165-174.

[8] 刘耀辉. 福建省安全生态水系建设规划设计若干问题探讨 [J]. 水利科技，2016（4）：1-3.

[9] 赵安周，朱秀芳，史培军，等. 国内外城市化水文效应研究综述 [J]. 水文，2013（5）：16-22.

[10] 孔俊婷，胡雅菲，王倩雯. 海绵城市背景下城乡河流治理策略研究 [J]. 建筑与文化，2016（10）：88-89.

[11] 王岩松，张弛.《海绵城市建设国家建筑标准设计体系》解读 [J]. 建设科技，2016（3）：53-54.

[12] 中华人民共和国住房和城乡建设部. 住房和城乡建设部关于印发城市综合管廊和海绵城市建设国家建筑标准设计体系的通知 [J]. 安装，2016（3）：5-8

[13] 程涛，苏洪涛. 海绵城市建设及 LID 理念下雨水资源化技术分析 [J]. 华中建筑，2016（12）：72-75.

[14] 鞠茂森. 海绵城市建设水资源综合规划技术 IWM Toolkit 介绍 [J]. 城市建设理论研究（电子版），2015（8）：3040-3041.

[15] 王晓红，张艳春，张萍. 海绵城市建设中河湖水系的保护与生态修复措施 [J]. 水资源保护，2016（1）：72-74，85.

[16] 夏军，石卫，王强，等. 海绵城市建设中若干水文学问题的研讨 [J]. 水资源保护，2017（1）：1-8.

[17] 冯国荣. 海绵城市在城市生态廊道建设的运用研究——以广州市生态廊道建设为例 [J]. 建筑工程技术与设计，2016（2）：34.

[18] 任毅，周倩倩，李冬梅，等. 呼和浩特市大排水系统的构建规划与评估研究 [J]. 人民珠江，2015（4）：25-28.

[19] 高晓原. 基于城市生态廊道下的海绵空间构建 [J]. 低碳世界，2016（17）：148-149.

[20] 李映华. 论城市化对水资源的影响 [J]. 企业家天地（中旬刊），2012（5）：10.

[21] 吕伟娅，管益龙，张金戈. 绿色生态城区海绵城市建设规划设计思路探讨 [J]. 中国园林，2015（6）：16-20.

[22] 温文杰. 浅谈水生态修复及其应用 [J]. 广东化工，2016（16）：123，133.

[23] 吴亚男，熊家晴，任心欣，等. 深圳鹅颈水流域 SWMM 模型参数敏感性分析及率定研究 [J]. 给水排水，2015（11）：126-131.

[24] 蔡凌豪. 适用于"海绵城市"的水文水力模型概述 [J]. 风景园林，2016（2）：33-43.

[25] 倪丽丽. 北方典型城市暴雨内涝灾害规划防控研究——以石家庄为例 [D]. 天津：天津大学，2016.

[26] 邢薇，王浩正，赵冬泉，等. 城市暴雨处理及分析集成模型系统（SUSTAIN）介绍 [J]. 中国给水排水，2012（2）：29-33.

[27] 张燕. 城市多功能雨洪调蓄设施 [J]. 北京规划建设，2010（2）：55-58.

[28] 朱宜平，张海平，姜卫星，等. 城市快速干道雨水收集处理系统设计 [J]. 中国给水排水，2007（20）：35-39.

[29] 齐青青. 城市生态水系健康管理理论与实践研究 [D]. 西安：西安理工大学，2013.

[30] 车伍，张燕，黄宇，等. 城市小区雨洪多功能调蓄设计案例分析 [C]. 智能与绿色建筑文集 2——第二届国际智能、绿色建筑与建筑节能大会，2006：727-733.

[31] 车伍，张燕，李俊奇，等. 城市雨洪多功能调蓄技术 [J]. 给水排水，2005（9）：25-29.

[32] 王彦红，韩芸，彭党聪. 城市雨水径流水质特性及分析 [J]. 环境工程，2006（3）：84-85.

[33] 黄桢. 城市雨水径流水质特征及处理方法 [J]. 资源节约与环保，2013（12）：111.

[34] 车伍，张炜，李俊奇，等. 城市雨水径流污染的初期弃流控制 [J]. 中国给水排水，2007（6）：1-5.

[35] 杜有秀. 城市雨水收集与截污技术研究 [J]. 安徽建筑，2008（4）：167-168，181.

[36] 张毅. 低影响开发建设模式及效果评价应用研究 [M]. 北京：北京建筑大学，2016.

[37] 刘鹏，赵昕. 国家体育场初期雨水弃流方式的比较与选择 [J]. 给水排水，2004（7）：82-84.

[38] 车伍，刘燕，李俊奇. 国内外城市雨水水质及污染控制 [J]. 给水排水，2003（10）：38-42.

[39] 廖朝轩，高爱国，黄恩浩. 国外雨水管理对我国海绵城市建设的启示 [J]. 水资源保护，2016（1）：42-45，50.

[40] 仇保兴. 海绵城市（LID）的内涵、途径与展望 [J]. 给水排水，2015（3）：1-7.

[41] 张青萍，李晓策，陈逸帆，等. 海绵城市背景下的城市雨洪景观安全格局研究 [J]. 现代城市研究，2016（7）：6-11，28.

[42] CJJ/T 135—2009 透水水泥混凝土路面技术规程.

[43] 车生泉，谢长坤，陈丹，等. 海绵城市理论与技术发展沿革及构建途径 [J]. 中国园林，2015（6）：11-15.

[44] 唐鑫. 自动限流截留井截留上海崇明东滩生态城初期雨水的应用研究 [D]. 兰州：兰州交通大学，2016.

[45] 谢瑶. 重庆市海绵城市建设技术模式研究 [D]. 重庆：重庆大学，2016.

[46] 李玲霞. 雨天溢流污染分析及旋流分离工艺技术研究 [D]. 合肥：安徽建筑工业学院，2012.

[47] 陶望雄. 雨水利用理论与技术方案研究 [D]. 西安：长安大学，2016.

[48] 朴希桐. 下垫面变化对城市内涝的影响研究 [D]. 中国水利水电科学研究院，2015.

[49] 郭娉婷. 生物滞留设施生态水文效应研究 [D]. 北京：北京建筑大学，2015.

[50] 薛丽芳. 面向流域的城市化水文效应研究 [D]. 徐州：中国矿业大学，2009.

[51] 侯改娟. 绿色建筑与小区低影响开发雨水系统模型研究 [D]. 重庆：重庆大学，2014.

[52] 赵芳. 绿色建筑与小区低影响开发雨水利用技术研究 [D]. 重庆：重庆大学，2012.

[53] 弓亚栋. 建设海绵城市的研究与实践探索——以西安市某小区为例 [D]. 西安：长安大学，2015.

[54] 孙芳. 基于海绵城市的城市道路系统化设计研究 [D]. 西安：西安建筑科技大学，2015.

[55] 雷雨. 基于低影响开发模式的城市雨水控制利用技术体系研究 [D]. 西安：长安大学，2012.

[56] 汤萌萌. 基于低影响开发理念的绿地系统规划方法与应用研究 [D]. 北京：清华大学，2012.

[57] 赵国翰. 基于低影响开发的城市排水系统改造研究 [D]. 成都：西南交通大学，2015.

[58] 宋珊珊. 基于低影响开发的场地规划与雨水花园设计研究 [D]. 北京：北京林业大学，2015.

[59] 何福力. 基于 SWMM 的开封市雨洪模型应用研究——以运粮河组团项目为例 [D]. 郑州：郑州大学，2014.

[60] 陈彦熹. 基于 LID 的城市化区域雨水排水系统规划方法研究 [D]. 天津：天津大学，2013.

[61] 匡跃辉. 水生态系统及其保护修复 [J]. 中国国土资源经济，2015（8）：17-21.

[62] 邵明，李雄，戈晓宇，等，模型在城市绿地设计中的应用 [J]. 工业建筑，2017（5）：56-61.

[63] 仝贺，王建龙，车伍，等. 基于海绵城市理念的城市规划方法探讨 [J]. 南方建筑，2015（4）：108-114.

[64] 林伟斌. 基于 SUSTAIN 模型的校园雨洪管理措施规划研究——以福建农林大学下安校区为例 [D]. 福州：福建农林大学，2016.

[65] 谢雯，阎瑾. 海绵城市理论及其建设评析 [J]. 价值工程，2015（28）：11-13.

[66] 赖佑贤，彭瑜，肖孟富. 海绵城市建设中黑臭水体整治的技术探讨 [J]. 水资源开发与管理，2017（1）：34，38-41.

[67] 王虹，丁留谦，李娜. 海绵城市建设的径流控制指标探析 [J]. 中国防汛抗旱，2015（3）：10-15.

[68] 中华人民共和国住房和城乡建设部. 海绵城市建设技术指南——低影响开发雨水系统构建（试行）. 2014.

[69] 中华人民共和国住房和城乡建设部、海绵城市建设绩效评价与考核办法（试行）. 2015.

[70] 厦门市海绵城市建设工作领导小组办公室、厦门市海绵城市建设技术规范（试行）. 2015.

[71] 武汉市水务局，武汉市国土资源和规划局，武汉市城乡建设委员会，等. 武汉市海绵城市规划设计导则（试行）. 2015.

[72] 中华人民共和国住房和城乡建设部. 海绵城市专项规划编制暂行规定. 2016.

[73] GB 50014—2006 室外排水设计规范.

[74] 上海市政工程设计设计研究总院（集团）有限公司，华锦建设集团股份有限公司、城镇雨水调蓄工程技术规范. 2017.

[75] 上海市政工程设计设计研究总院（集团）有限公司、城镇内涝防治技术规范. 2017.

[76] 冯峰，潘晓丹. 城市雨水资源利用途径及效益体系分析 [J]. 黄河水利职业技术学院学报，2012，24（02）：3-6.

[77] 中华人民共和国住房和城乡建设部. 住房和城乡建设部关于印发城市排水（雨水）防涝综合规划编制大纲的通知. 建城〔2013〕98 号. 2013.

[78] 张卫东，翟宇翔. 北方城市河流景观生态恢复设计方法探讨 [J]. 规划师，2010，26（S1）：44-48.